U0107398

献给我的家人

八十多年来，哈佛成人发展研究一直在追踪来自同一家庭的三代人的生活。进行这样的研究需要极大的信任。这种信任部分来自我们对保护参与者隐私的坚定承诺。为了保护参与者的隐私，我们修改了他们的姓名和身份信息。但是书中的所有引述均为逐字记录，或是基于研究访谈、录音、观察和其他的真实数据。

美好生活

哈佛大学跨越 85 年的幸福研究启示

[美] 罗伯特·瓦尔丁格　[美] 马克·舒尔茨　著

许丽颖　译

中信出版集团 | 北京

图书在版编目（CIP）数据

美好生活 /（美）罗伯特·瓦尔丁格，（美）马克·
舒尔茨著；许丽颖译 . -- 北京：中信出版社，2023.7（2023.9重印）
ISBN 978-7-5217-5572-5

Ⅰ.①美… Ⅱ.①罗… ②马… ③许… Ⅲ.①心理调
查－研究报告－美国 Ⅳ.① B841

中国国家版本馆 CIP 数据核字（2023）第 060640 号

美好生活

著者： [美]罗伯特·瓦尔丁格 [美]马克·舒尔茨
译者： 许丽颖
出版发行：中信出版集团股份有限公司
（北京市朝阳区东三环北路 27 号嘉铭中心 邮编 100020）

承印者： 北京诚信伟业印刷有限公司

开本：880mm×1230mm 1/32 印张：10.25 字数：260 千字
版次：2023 年 7 月第 1 版 印次：2023 年 9 月第 3 次印刷
京权图字：01-2023-1165 书号：ISBN 978-7-5217-5572-5
定价：69.00 元

目录

关系：让幸福与美好肆意流淌

1

在我们的常识中，有一些词汇其实是很难被精确定义的，比如文化、意义、美好、幸福与爱。之所以难以精确定义，主要是这些词汇所囊括的人类生活内容以及背后所想传递的意向实在是太丰富了。我们无法，更不忍心让这些伟大的词汇仅仅承载一点点的人类情怀。

有趣的是，越是这种人们普遍熟悉又不能精准定义的词汇对人们越重要，越能激发起人们最深层的情感悸动，并且，越对人们现实的生活与选择起到至为关键的作用。

所以，古往今来，人们从来没有停止过对这些词汇与它们所传递的意向的思考与探索。而往往这些内容，无论是对于以"终极关怀"为目的的宗教，还是以"阐释意义接近真理"为趣向的哲学，或者以"求真求实"为使命的科学来说，都是共同珍视的领地。

关于"什么是人类的美好生活？"，正是这诸多领地之中至为突出的一席方圆。

正如作者在书中所描述的那样："我们能够列出上百种类似的观点，出自不同时代、不同地方。"事实上，我们也不太能够武断认定某一种观点才是最正确的。我们能做到的仅仅是针对不同的文化、不同的族群、不同的历史阶段与不同的社会环境下，对那时那处的人们之于美好生活的感受与表达作为参照系而做出当下我们的某种回应——

"美好生活，对于我们来说，意味着什么……"

哈佛大学成人发展研究（the Harvard Study of Adult Development）对此做出的回应是一项始于 1938 年的科学探索，迄今已达 85 年。在几代研究中心科研人员的竭诚努力下，这项研究显得越来越非凡。像参与者的生活一样，哈佛大学的这项研究本身也是漫长而曲折的。几十年来其方法不断改进，至今已经更迭了三代人，包括最初的 724 名参与者与他们的 1300 多名后代。它如今还在继续发展壮大，成为有史以来对人类生活进行的持续时间最长的深入性纵向研究，也成为心理学史上最长的一项努力揭示美好生活与人类幸福的伟大作品。本书的作者罗伯特正是这项研究的第四任主任，而另一位作者马克则是副主任。在这本书中，罗伯特与马克将 85 年漫长时间与空间所沉淀下来的惊人事实展现给世人：美好生活是在一个赋予我们生命意义和美好的关系网中得以维持的。

2

现代心理科学属于比较典型的经验主义科学，其主要是通过实证科学的方式对人类生活的种种观念与行为进行检验与发现。与哲学上的理性主义强调思辨与逻辑有所不同的是，心理科学更加倾向于在此基础上对事实的发现、尊重与理解。通常意义上来说，一项杰出的心理学研究至少需要具备一些重要的判断基础，例如样本选择的普适性、样本的数量与质量、研究的时空跨度、研究条件设定的适合性、研究方法的严谨性与数据描述的严密逻辑，等等。

哈佛大学成人发展研究这一项跨越80多年的追踪研究，无论就上面的哪一个方面来评估，都可以称为心理学实证研究中的杰作！在这本著作中，我们除了能了解到这项研究如小说、电影一样曲折的过程与惊人的结论，也能了解到这项研究所采纳的诸多方法与技术。比如从心理学案例角度，这项价值巨大的实验是如何被长久地支持下去的，心理学家如何具体操作来保证它的真实性，如何让研究的问题和方法升级，如何跨越时代与时空的限制持续至今的。因此，无论是对于大众读者还是专业学者来说，这部著作都是值得仔细品读与收藏的。

当然，作为一本能够进入全球畅销书榜的优秀著作，当然也离不开书中那些精彩又出人意料的科普知识。

事实上，哈佛大学的这项研究长期以来都有着巨大的影响力，并被许多人所熟知。但归根结底，这项研究是想要解释一件事：到底是什么因素能给人的一生带来最多的幸福感，并且，会影响人的健康与长寿？

有趣的是，虽然很多人都知道这项研究，但是这项研究的结论却也令很多人非常诧异。这项研究所提取出的最重要的那个幸福因子，居然既非金钱，亦非名誉，也不是成就与权力，而是那个为每个人所熟悉的——人际关系的质量！正如作者在书中所提出的那样："美好生活是一种复杂的生活；它是快乐的，且极富挑战性；它充满爱，但也伴有痛苦；它永远不会有严格意义上的'发生'，相反，它是一个过程，它包括动荡与平静、轻松与负担、挣扎与成就、挫折与跃进，以及重创。"归根结底，"美好生活是在一个赋予我们生命意义和美好的关系网中得以维持的。"

很多人不能理解，为什么这个研究的结果会跟我们平时对幸福生活的认知大相径庭。这真的是我们世俗意义上的美好吗？而这也正是科学研究工作的趣味之处——你不深入探索，永远不知道结果会是什么。

这给我们一个十分重要的启示：在生活中，我们可能听说过某件事情，甚至对它略知一二，但真实的事情本身，就跟它的真实的结果一样，有很大可能会出人意料又让人猝不及防，有趣且迷人。

3

复杂的人生就像一场交响音乐会，丰富的音色才会让人生之曲酣畅淋漓。人类的痛苦与快乐都是一种天然的存在，而挑战和解决问题会激发人的潜能与幸福感。人类就是在不断解决问题的过程中发展出了心智，而后发展出强大的认知能力、基于伦理与美学意义上的价值观、爱的感受和对生命意义的探索。

回到每个个体身上，各种生活情景与各种情绪会时常伴随我们，不论是那些被认为是"好的"或者"不太好的"。这似乎正是每个人生命的基本节律，却也是我们不得不去面对的人生事实：每一段人生都是不平凡的，是随波逐流也好，是逆风飞扬也罢，人生是一场不能走回头路的单行道，一路走过，一路风景，一路经历与一路感受。而最终洗尽铅华，我们发现，真正支撑着我们这一路走来、风雨无阻的最重要的力量竟是我们周围那些强有力的关系——温暖而坚毅、持久而平和。在这样的关系中，当我们能够去身心一致地沉浸到解决一件事情当中，那么负面情绪就会被屏蔽出去、化解掉，留下的，就是长久的幸福感。

这就是这项"跨世纪"的珍贵研究的重大意义。因为它记录了很多人完整的一生，也客观真实地将这些人一生的所思所想、所作所为进行了科学的实证探索。这本书不仅是哈佛研究的相对完整的过程记录，也扩展了很多相关幸福研究的佐证，经得住时间的考验。希望每个人都能在了解了这个关于美好生活的启示之后，形成自己的幸福观，给出自己关于"是什么造就了美好生活？"这个问题的答案，而比回答更重要的是，去积极行动，实践好人生中的每一次抉择。

从 20 世纪开始，心理学家就反思人类追求幸福的本能，希望用积极的方法调动人的内在能量，让我们开心快乐起来。这个研究也是幸福研究的重要内容之一。这跟积极心理学的研究如出一辙。真正让人感受幸福美好的东西，其实一直在我们身边，它既不昂贵，亦非高悬，就是身边点点滴滴的积累。它既不是远方，也不是目标，就在当下的每个决定中。

这让我们不由得想起汉语中的那个"仁"字所追求的古老意向。

在《说文解字》中，仁最初的意向是一个人背向端着两个木棍平稳地站立着。木棍能够平稳需要一些条件。比如，前面端木棍的人的力量与责任，或者后面隐藏着一个同样的人使木棍保持平稳。因此，古人造这个字的时候赋予它的图形的意义就再明确不过了。那就是一个能称为"仁"的人，首先要有责任与担当，并且有解决问题的能力；其次也代表着一种奉献与牺牲精神，强调互帮互助的协同与和谐。而在中国文化的传统中，"仁"所代表的大爱与大德，正是儒家正统学说最为核心的理念，也是中国古代社会两千多年的正统社会规范与伦理追求。

更大胆一点儿，我们似乎可以把哈佛大学这项跨世纪的研究与我们的文化隔空遐想——

为什么一代代的中国人这么重视关系，这么依赖关系，这么维护关系？

是不是在我们的文化里正是有着这样一种通往人类真实幸福的基因？

一个如此重视人与自然的关系、人与人的关系、人与社会的关系、人与历史的关系的东方民族的深层的幸福感，为什么一边呈现着浓烈的世俗烟火与现实纷扰，一边又盛放着无比超然的觉性、灵性与洒脱？

东方文化中的烟熏火燎与逍遥超然的矛盾与统一，中国人的生命追求与生活方式的复杂性中，是不是正是被那个"关系"的流淌所联结起来，造就了这个经久不息的伟大文明？

最后，我想说，科学无国界，幸福无边界。关系，让幸福与美好在世间肆意流淌。

彭凯平

清华大学社会科学学院院长

2023 年 6 月

1

什么造就了美好生活？

生命如此短暂，我们没有时间去争吵、道歉、心痛和责备。花时间去爱吧，哪怕只有一瞬也值得。

——马克·吐温

让我们从这个问题开始：

如果你现在只能做出一种生活上的抉择，以设定你未来的健康和幸福之路，你会选择什么？

你会选择每个月存更多的钱吗？会选择换个职业吗？会决定多去旅行吗？当你在生命最后几天回首往事时，哪一种选择最能确保你觉得拥有了美好生活？

在 2007 年的一项调查中，当千禧一代被问及他们最重要的人生目标时，76% 的受访者表示富有是他们的首要目标，50% 的人则表示，他们的主要目标是出名。10 多年过去，在千禧一代成年后，一组调查再次提出了类似的问题。名声此时在榜单上排名靠后，但最重要的目标仍然包括富有、事业成功和摆脱债务等。

这些是跨越世代和国界的共同而实际的目标。在许多国家，从刚能说话开始，孩子们就会被问到他们长大后想做什么，也就是他们打算从事什么职业。当成年人结识新朋友时，首先会被问到的一个问题就是"你是做什么的"。生活中的成功通常是通过头衔、薪水和对成就的认知来衡量的，尽管我们大多数人都明白，这些东西本身并不一定会带来幸福的生活。那些设法得到了这些的人经常发现自己的幸福感并未发生多大变化。

与此同时，我们整天都在被各种信息轰炸，这些信息告诉我们什么会让我们快乐，我们在一生中应该追求什么，谁在过所谓"正确的"生活。广告告诉我们，喝这个牌子的酸奶会让我们健康，买那辆豪车会给我们的生活带来新的乐趣，使用某种面霜会让我们永葆青春。

其他与日常生活息息相关的信息则不那么明确。如果一个朋友买了一辆新车，我们可能会想，一辆新车是否会让我们的生活变得更好？当我们浏览社交媒体，只看到梦幻的派对和沙滩的照片时，我们可能会想，我们的生活是不是缺少派对和海滩？在日常交往、工作，尤其是在社交媒体中，我们都倾向于向他人展示理想化的自己，展示我们的游戏面孔，所以我们看到的他人形象与对自我的感知之间形成的对比会让我们产生错失感。正如一句谚语，我们总是把自己的内在与他人的外在进行比较。

随着时间的推移，我们会产生一种微妙但难以摆脱的感觉，即我们当下的生活在这里，美好生活所需的东西却在那里，或者说在未来，总是遥不可及。

通过这样的方式来看待生活，我们很容易认为美好生活并不真的存在，或者只有对别人来说才有可能。毕竟，自己的现实生活与我们在脑海中描绘的美好图景相去甚远。我们的生活总是杂乱无序、繁复无章，感觉并不美好。

剧透预警：美好生活是一种复杂的生活。对每个人来说都是如此。

美好生活是快乐的……且极富挑战性。它充满爱，但也伴有痛苦。它永远不会有严格意义上的"发生"，相反，美好生活是随着时间的推移而展开的，它是一个过程。它包括动荡与平静、轻松与负担、挣扎与成就、挫折与跃进，以及重创。当然，美好生活总是以死亡告终。

我们知道，这是个好卖点。

但请允许我们直言不讳：生活，即便美好，同样不易。我们没有办法让生活变得完美，如果有，那也不会是好事。

为什么？因为丰富的生活——美好生活——正是由那些让生活变得艰难的东西所铸就。

本书建立在坚实的科学研究基础上。其核心是哈佛成人发展研究（the Harvard Study of Adult Development，以下简称哈佛研究），这是一项始于1938年的非凡科学探索，尽管困难重重，但如今仍在蓬勃发展。罗伯特是这项研究的第四任主任，马克是副主任。这项研究在当时是激进的，它通过调查使人生命力旺盛而非生病的因素来了解人类健康。它记录了参与者的生活经历，或多或少地再现了他们从童年困境到初恋，再到最后的时光。像参与者的生活一样，哈佛大学的这项研究本身也是漫长而曲折的，几十年来其研究方法不断改进，研究对象业已扩展至三代人，包括最初的724名参与者与他们的1300多名后代。它如今还在继续发展壮大，成了有史以来对人类生活进行的持续时间最长的深入性纵向研究。

但是，任何一项研究，无论它多么丰富，都不足以对人类生活做出宽泛的总结。因此，本书虽然有哈佛研究的独特基础，但它仍加入了数百项其他科学研究的支撑，这些研究涉及来自世界各地的成千上万的参与者。本书还贯穿了从古至今的智慧——这些经久不衰的思想反映并丰富了现代科学对人类历程的理解。这是一本主要揭示了关系的力量的书，两位作者长久而丰硕的友谊也恰好深刻印证了该书的观点。

此外，如果没有哈佛研究的参与者，本书就不会存在——是他们的诚实和慷慨使这项本不可能的研究取得了第一步胜利，变为可能。

比如罗莎和亨利·基恩。

他们的故事

"你最害怕什么？"

罗莎大声读出这个问题，然后隔着厨房桌子看着她的丈夫亨利。年过 70 的罗莎和亨利已经在这个房子里居住了 50 多年，并且其中的大多数清晨，他们都坐在这张桌子旁。他们中间放着一壶茶、一包吃了一半的奥利奥和一台录音机。房间角落里摆着一台摄像机，摄像机旁边坐着一位名叫夏洛特的年轻的哈佛研究人员，她静静地观察并做着笔记。

"这是一个相当大的问题。"罗莎说。

"'我'最害怕什么？"亨利对夏洛特说，"还是'我们'最害怕什么？"

罗莎和亨利并不认为自己是特别有趣的研究对象。他们都出身贫寒，20 多岁时结婚，一起抚养了 5 个孩子。当然，他们经历了大萧条等许多艰难时期，但这与他们认识的其他人无异。所以他们一直不明白为什么哈佛的研究人员一开始会对他们感兴趣，更不用说为什么至今仍然对他们感兴趣，还在不断地给他们打电话、寄问卷，甚至偶尔会飞越大半个国家来采访他们。

当研究人员第一次敲开亨利家的门，询问他一脸困惑的父母能否记录下他们的生活时，亨利只有 14 岁，住在波士顿西区一栋没有自来水的公寓里。他 1954 年 8 月与罗莎结婚时，这项研究正如火如荼地进行着。记录显示，当罗莎答应求婚时，亨利简直不敢相信他有多幸运。时间来到了 2004 年 10 月，他们的 50 周年结婚纪念日已经过去两个月了。2002 年，罗莎被邀请直接参与这项研究。"是时候了。"她说。自 1941 年以来，哈佛研究一直在年复一年地记录亨利的生活。罗莎经常说，她认为亨利到这个年纪还愿意参与研究是很奇怪的，因为他在其他方面很注重隐私。但亨利表示，他有一种参与研究的责任感，并且他对研究过程很有好感，因为这给了他一个看待事物的新视角。因此，63 年来，他向研究团队敞开了他的生活。实际上，亨利告诉了他们太多关于自己的事情，而且持续如此长时间，他甚至已经记不起他们知道什么、不知道什么。但亨利认为他们什么都知道，包括一些除了罗莎以外他从未告诉过任何人的事情，因为每当研究团队提问时，他都会尽最大努力告诉他们真相。

他们问了很多问题。

"基恩先生显然对我来采访他们感到受宠若惊，"夏洛特在她的实地考察笔记中写道，"这为采访营造了友好的气氛。我发现他是一个乐于合作且对研究有兴趣的人。他对每一个问题都是深思熟虑的，在回答之前经常会停顿片刻。尽管他很友好，我仍觉得他符合沉默寡言的密歇根人形象。"

夏洛特在那里待了两天，她采访了基恩夫妇，并进行了一项非常漫长的调查——询问他们的健康状况、个人生活及共同生活。像我们大多数刚从业的年轻研究人员一样，夏洛特也有她自己的问题，关于什么是美好生活，以及她目前的选择可能会如何影响她的未来。这些个人问题有没有可能从别人的生活中得到启发？唯一能找到答案的方法就是提问，并对所采访的每一个人密切关注。对当前这个采访对象来说，什么是重要的？是什么赋予了他生活的意义？他从自己的经历中学到了什么？他有什么后悔的事？每一次采访都为夏洛特提供了新的机会，让她与一个比她在人生道路上走得更远、来自不同环境和不同历史节点的人建立联结。

时间又回到本次调查的开始，今天夏洛特将进行与亨利和罗莎的共同面谈，并将他们一起谈论最大的恐惧的过程录制下来。在此之前她已经在我们所说的"依恋访谈"环节中分别对他们进行了采访。回到波士顿，研究人员将对录像带和采访记录进行分析，将亨利和罗莎谈论对方的方式、他们的非语言线索以及许多其他信息编码成关于他们关系本质的数据——这些数据将成为他们文件的一部分，也是"真实生活面貌"庞大数据库中很小但很重要的一部分。

"你最害怕什么？"夏洛特已经在单独的采访中分别记录了他们对这个问题的回答，但现在是时候共同讨论这个问题了。

他们的讨论过程如下。

"在某种程度上，我喜欢讨论困难的问题。"罗莎说。

"很好，"亨利说，"那你先说。"

罗莎沉默了一会儿，然后告诉亨利她最害怕的是亨利可能会出现严重的健康状况，或者她会再次中风。亨利同意这些都是可怕的可能情况。但是他说，他们现在已经到了无法避免这些事情的年纪。他们详细地讨论了一场严重的疾病可能会对子女的生活以及对彼此所造成的影响。最终，罗莎承认，一个人能预料到的事情只有那么多，在事情发生之前感到不安是无用的。

"还有什么问题吗？"亨利问夏洛特。

"亨利，你最害怕什么？"罗莎问道。

"我本来希望你会忘记问我。"亨利说道，然后他们笑了起来。亨利给罗莎倒了更多的茶，又给自己拿了一块奥利奥，然后沉默了一会儿。

"这个问题不难回答,"他说,"但老实说,这不是我喜欢考虑的事情。"

"嗯,他们大老远地把这个可怜的女孩从波士顿送来,所以你最好回答。"

"我觉得很尴尬。"他声音颤抖地说。

"说吧。"

"我不会先死,这是我的恐惧。我会被丢在这里,没有你。"

* * *

距离亨利·基恩儿时的居住地不远,在波士顿西区布尔芬奇大三角的拐角处,洛克哈特大厦俯瞰着梅里马克街和高士威街的喧嚣。20世纪初,这座砖结构建筑是一个家具厂,雇用了亨利所在社区的男男女女。现在,这里汇集了几家诊所、一家比萨店和一家甜甜圈店,它也是有史以来持续时间最长的成人生活研究——哈佛成人发展研究的研究工作和研究档案所在地。

在一个标有"KA-KE"的文件抽屉里存放着亨利和罗莎的资料。在里面,我们找到了记录着亨利1941年最初访谈的泛黄纸张,它几乎要从记录本上脱落了。它是研究人员用流畅且熟练的手书速记的。我们看到,亨利出身于波士顿最贫穷的家庭之一,在他14岁的时候,他被认为是一个"性情稳定、管教良好"的青少年,对自己的未来有着"合乎逻辑的考虑"。作为一个年轻的成年人,他和母亲非常亲近,但憎恨父亲,父亲酗酒迫使亨利成了家庭的主要经济支柱。在亨利20多岁时发生了一件特别令人心碎的事,他的父亲告诉亨利的新未婚妻，她价值300美元的订婚戒指让他们家失去了急用的钱，而因担心永远无法逃离亨利的家人，他的未婚妻取消了订婚。

1953年，亨利在通用汽车公司找到了一份工作，并搬到了密歇根州的威楼峦，从此摆脱了父亲的束缚。在那里，他遇到了丹麦移民罗莎，她们家的9个孩子之一。一年后他们结婚了，并陆续有了自己的5个孩子。在罗莎看来，孩子"不少，但还不够"。

在接下来的10年里，亨利和罗莎度过了一些困难时期。1959年，他们5岁的儿子罗伯特患上了小儿麻痹症，这 挑战为他们的婚姻带来了考验，也给整个家庭带来了巨大的痛苦和忧虑。在工作方面，亨利最初在通用汽车公司的车间做装配工，但因罗伯特的病而缺勤，他被降职，而后被解雇，失业的他还有3个孩子需要照顾。为了维持收支平衡，罗莎开始在威楼峦市区的薪资部工作。虽然这份工作最初只是为了家庭的权宜之计，但罗莎深受同事们的喜爱，在接下来的30年里，她一直在那里全职工作，与同事们建立了情同家人的深厚关系。在被解雇之后，亨利换了3次工作，最终于1963年重新回到通用汽车公司，并一步步晋升到楼层主管。不久之后，他与父亲（已经戒掉了酒瘾）重新取得联系，并原谅了父亲。

亨利和罗莎的女儿，现年50多岁的佩吉也参与了这项研究。佩吉并不知道她的父母在这项研究中分享了什么，因为我们不想影响她对于家庭生活的报告。收集对同一家庭环境和相同事件的多视角感知有助于拓宽和加深这项研究的数据。当我们深入研究佩吉的档案时了解到，在她的成长过程中，她觉得父母能够理解她遇到的问题，并且当她难过的时候，他们会帮助她振作起来。总的来说，她认为她的父母之间"充满爱"。与亨利和罗莎自己关于他们婚姻的报告一致，佩吉说她的父母从来没有考虑过分居或离婚。

在 1977 年，时年 50 岁的亨利这样评价自己的生活：

婚姻的乐趣：棒极了

过去一年的心情：棒极了

过去两年的身体健康状况：棒极了

但是，我们不能仅通过询问亨利，包括这项研究中的所有人，关于他们自己和所爱之人的感受来确定他们是否健康和幸福。我们通过各种方式来观察人们的幸福，从脑部扫描到血液测试，再到他们谈论自己深切关心话题的录像带。我们采集他们的头发样本来测量压力激素，要求他们描述最大的顾虑以及他们生活中的关键目标，测量他们的心率在完成脑筋急转弯挑战后能够多快平静下来。这些数据让我们能够更深入、更全面地衡量一个人的生活状况。

亨利是一个害羞的人，但他将自己投入最亲密的关系中，特别是他与罗莎以及孩子们的联结给他带来了莫大的安全感。他还采取了一些强有力的应对机制，我们将在接下来的几页中更多地讨论这些机制。基于这种情感上的安全感和有效应对机制的结合，即使在最困难的时候，亨利也可以一遍又一遍地报告说，他感到"快乐"或"非常快乐"，并且他的健康和长寿也反映了这一点。

2009 年，在夏洛特拜访亨利和罗莎 5 年之后，也是在亨利第一次接受这项研究采访的 71 年之后，亨利最大的恐惧变成了现实：罗莎去世了。不到 6 周后，亨利也去世了。

但他们的女儿佩吉延续了这项家庭研究。不久前，她在我们波士顿的办公室接受了采访。从 29 岁起，佩吉就和她的伴侣苏珊维持着幸福的关系，现年 57 岁的佩吉报告说，她并不孤独，身体也很健康。她是一位受人尊敬的小学教师，也是她所在社区的活跃成员。然而，她到达如今幸福生活的人生之路是痛苦而勇敢的，我们之后会再回到她的故事。

一生的投资

要用什么样的方式对待生活才能让亨利和罗莎在艰难时期仍能绽放笑容？是什么让亨利和罗莎的故事，或者任何一个哈佛研究中的人生故事，值得我们长久的关注？

当我们想去了解人们的一生都经历了什么的时候，妄想获得他们整个生活的真实图景——他们所做的决定、他们所选择的道路，以及这一切对他们来说是如何实现的——几乎是不可能的。我们对他人生活的了解大多是通过让人们回忆过去获得的，而人们的记忆总会千疮百孔。只要你试着回忆一下自己上周二晚餐吃了什么，或者去年这个时候你和谁说过话，你就会知道我们的生活有多少已经遗失在记忆中。随着时间的推移，我们忘记的细节越多，我们的记忆就越模糊，并且研究表明，回忆一件事情的这一行为实际上也会改变我们对这件事情的记忆。简而言之，作为研究过去事件的工具，人类的记忆是不精确的，甚至是被窜改的。

但是，如果我们可以随着时间推移而逐步看到整个生活图景的展开，那会如何？如果我们可以研究人的一生，从他的青少年一直到老年，看看什么对一个人的健康和幸福是真正重要的，哪些投资是真正有回报的，那又会如何？

我们做到了！

84 年来，哈佛研究追踪同一批个体，询问了数以千计的问题，完成了千百次测验，只为找出真正让人保持健康和快乐的答案。这些年通过研究他们的生活，有一个关键因素显现出与身心健康和长寿一致且有力的关联。与大多数人可能认为的不同，这个因素并非事业成就、锻炼或健康饮食——别误会，这些也很重要——在我们的研究中，这个持续性地展示出广泛且持久的重要性因素是：

良好的人际关系。

事实上，良好的人际关系极其重要，以至于如果我们必须把全部84年的研究归结为一个生活准则，并且这一准则得到了大量其他研究的支持，那么它会是：

良好的人际关系让我们更健康、更快乐。

所以，如果你只能做出一种抉择，以确保自己的健康和快乐，科学告诉我们，你应该选择去建立温暖的人际关系——各种形式的。我们将在后文呈现，这并不是一蹴而就的，而是在一遍又一遍、一秒又一秒、周而复始、年复一年中做出选择。这是在一个接一个的研究中发现的，能够促进持久的愉悦并丰盈生命的选择。但建立良好的人际关系并非容易之事。生而为人，即使怀着最好的意图，我们也只能按照我们的方式行事，我们也会犯错，也会受到所爱之人的伤害。毕竟，通往美好生活之路并不容易，但是成功地驾驭其中的曲折是完全有可能的。哈佛成人发展研究能够为我们指明方向。

波士顿西区的宝藏

哈佛成人发展研究始于波士顿，当时美国正努力走出大萧条。随着社会保障和失业保险等新政项目的势头增强，人们越来越有兴趣了解是什么因素让人们成长，而又是什么因素让他们失败。这种新的研究兴趣促使波士顿的两组毫无关联的研究人员开始了对两组截然不同的男孩的追踪研究。

第一组男孩是哈佛大学的 268 名大二学生，他们之所以被选中，在于他们被认为有可能成长为健康、适应能力强的男性。哈佛大学新任卫生学教授兼学生健康服务部主任阿利·博克秉承时代精神——仍在医学界的同僚中过于前卫，他希望将研究重点从关注是什么让人们生病转向关注是什么让人们健康。被选中参加这项研究的年轻人部分来自富裕家庭，但他们中至少有一半人能进入哈佛学习是靠着奖学金和勤工俭学来支付学费的。其中一些人的祖辈在立国之初就在美国，另有 13% 的人的父母则是移民。

第二组是波士顿市中心的 456 名男孩，比如亨利·基恩，他们被选中另有原因：他们是在波士顿最困难的家庭和最底层的社区长大的孩子，但他们在 14 岁时并未走上许多同龄人所走的青少年犯罪之路。在这些青少年中，超过 60% 的人的父母中至少有一个是移民，他们大多来自东欧和西欧的贫困地区，以及诸如大叙利亚和土耳其等中东或其周边地区。他们卑微的出身和移民身份使他们被双重边缘化。谢尔顿，一名律师，埃莉诺·格鲁克，一位社会工作者，他们共同发起了这项研究，试图了解哪些生活因素可以预防犯罪，使这些男孩成功避免了青少年犯罪。

这两项研究分别开始，目的不一，但现在殊途同归，为了共同的目标而运行。

参加两个研究的所有的波士顿市中心男孩和哈佛男孩都接受了采访和体检。研究人员还到他们家中采访了他们的父母。这些青少年成年后进入了各行各业，有些成了工人、律师、瓦匠、医生，有些则染上了酒瘾，少数患上了精神分裂症。有的人一路从社会底层攀登到顶层，有的人则恰恰相反。

哈佛研究的创始人若看到这项研究至今仍在继续，并且由此得到了他们从未想象的独特而重要的发现，一定会倍感震撼与欣喜的。作为现在的主任和副主任，我们非常自豪地与您分享其中的一些研究成果。

时间棱镜

人类充满了惊喜和矛盾。我们并不总是明智的，甚至（或者说尤其）对我们自己都搞不清楚。哈佛研究为我们提供了独特而实用的工具来揭示这种自然的人类奥秘。一些简要的科学背景将有助于解释其中的原因。

对人类健康和行为的研究通常有两种类型："横断研究"和"纵向研究"。横断研究是在特定的时间将世界截取一个横断面，然后对其进行观察，就像你切开一层蛋糕看看它里面是由什么组成的一样。大多数心理和健康研究都属于这一类，因为它们具有成本效益。它们所需的时间有限，并且成本可预测。但这种研究有一个基础缺陷，罗伯特喜欢用一个老掉牙的笑话来说明这一点：如果只依赖横断研究，你就会得出这个结论——在迈阿密，有些人生为古巴人，死为犹太人。换句话说，横断研究是生活的"快照"，它迫使我们去看两个本是互不相关的事物之间的联系，因为它忽略了一个关键变量：时间。

而纵向研究顾名思义，持续时间长。它通过时间来研究生活，有两种具体的方法。第一种我们已经提到过，也是最常见的：让人们回忆过去。这就是所谓的回顾性研究。

但正如我们提到的，这些都依赖于记忆。拿亨利和罗莎来说，在 2004 年的单独采访中，夏洛特要求他们分别描述第一次见面的情况。罗莎着重讲述了她是如何在亨利卡车前的冰上滑倒的，亨利是如何扶她起来的，以及后来她和几个朋友外出时是如何在餐馆里看到亨利的。

"这很有趣，我们都笑了，"罗莎说，"因为他穿着两只不同颜色的袜子。我想：'天哪，他的情况很糟糕，他正需要像我这样的人！'"

亨利也记得罗莎在冰上滑倒的情景。

"过了一会儿，我看到她坐在一家咖啡馆里，"他说，"她发现我在盯着她的腿看。但我之所以看，只是因为她穿着两只不同颜色的长袜，一只红的和一只黑的。"

这种夫妻间的不一致很常见，任何经历过长期关系的人都会对此很熟悉。每当你和你的伴侣对你们共同生活的一些情景记忆有出入时，你就见证了一项回顾性研究的失败。

哈佛研究不是回顾性的，而是前瞻性的。我们的参与者被问及他们现在的生活，而不是过去的生活。正如亨利和罗莎的案例，我们有时确实会询问过去以研究记忆的本质，即事件在未来会如何被处理和记住，但总的来说，我们想知道的是当下的情况。这样一来，我们就能够知道实际上哪个版本的袜子（长袜）故事更准确，因为我们在他们结婚那年问了亨利同样的问题。

"我穿着不同颜色的袜子，她注意到了，"他在1954年说，"她现在不会让这种事发生了。"

像这样具有前瞻性、跨越一生的研究是极其罕见的。参与者可能会在没有通知研究者的情况下脱离研究、改名换姓或搬家，研究也有可能出现资金枯竭、研究人员失去兴趣的情况。平均而言，大多数成功的前瞻性纵向研究只能维持30%~70%的参与者存留率，而且其中一些研究只能持续几年。然而，哈佛研究却想方设法使参与率保持在84%，并且至今仍在良好运行着。

真的涵盖很多问题

在我们的纵向研究中，每个生活故事都建立在参与者的健康和习惯基础上，是一幅随时间变化绘制的关于他们身体状况和生活行为的地图。为了得到一个关于他们健康的完整故事，我们定期收集他们的体重、运动量、吸烟和饮酒习惯、胆固醇水平、手术情况和并发症信息。这是他们健康的全记录。我们还记录了其他基本信息，例如他们的工作性质、亲密朋友的数量、爱好和娱乐活动。我们还设计了更深层次的问题来探索他们的主观体验和生活中难以被量化的信息。我们询问他们对工作和婚姻的满意度、用来化解冲突的方法，以及结婚和离婚、生育和死亡对他们产生的心理影响；询问他们与父母有关的最温暖的记忆，以及他们与兄弟姐妹之间的情感纽带（或所缺乏的纽带）；邀请他们详细描述生命中最低谷的时刻，并告诉我们如果他们在半夜惊醒，会打电话给谁。

我们研究他们的精神信仰和政治偏好、他们参加的教堂和社区活动，以及他们的生活目标和焦虑来源。我们研究中的许多参与者都上过战场，参与了战斗和杀戮，也目睹了他们的朋友被杀害。我们有他们关于这些经历的一手记述和反思。

我们每2年寄送一份长问卷，其中包括一些开放式和个性化问题；每5年从他们的医生那里收集完整的健康记录；每15年左右会和他们进行面谈，面谈地点十分多样化，可能是在佛罗里达的某个走廊，或者威斯康星北部的某个酒吧，又或者按照参与者的要求在机场的大厅与其见面。我们记录他们的外观和行为、眼神交流的程度、他们的衣着以及生活条件。

我们知道谁染上了酒瘾，而谁正在戒除；我们知道谁投了里根，谁投了尼克松，谁投了约翰·肯尼迪。事实上，在肯尼迪图书馆获得肯尼迪的投票记录之前，我们就知道他投了谁的票，因为他也是我们的参与者之一。

如果参与者有孩子的话，我们总会问他们的孩子过得怎么样。如今，我们也询问起这些孩子自己——婴儿潮一代的男男女女——我们希望有一天也能询问他们孩子的孩子。

我们有血液样本、DNA 样本，还有大量的功能性磁共振成像、心电图、脑电图以及其他脑成像报告。我们甚至有 25 个真正的大脑，由参与者临终慷慨捐赠。

我们不知道的是，这些东西在未来的研究中将如何被使用，甚至是否会被使用。科学同文化一样，是不断演化的，尽管这项研究中的大部分数据在过去都被证明是有用的，但一些早期被仔细测量的变量之所以再次被研究，仅仅出于一些存在严重缺陷的假设。

例如，在 1938 年，体型被认为是智力甚至生活满意度的重要预测指标（运动型体型被认为在大多数领域具有优势），颅骨的形状和突起被认为能够反映人格和心智。研究最初关注的问题之一是"你怕痒吗"，但为何如此发问不得而知。我们连续问了 40 年这个问题，只是为了以防万一。

80 年之后回顾这些，我们现在知道，这些想法有的略显草率，有的甚至完全错误。有可能，甚至极有可能，我们今天收集的一些数据在 80 年后也会同样令人感到疑惑。

但关键是，每一项研究都是它所处时代和进行这项研究的人的产物。在哈佛研究中，这些人大多是白人、中年人、受过教育的人、异性恋者和男性。由于文化偏见，以及1938年波士顿和哈佛大学里几乎都是白人，研究创始人选择了只研究白人男性的方便路线。这个问题很常见，但哈佛研究必须努力解决这个问题，我们所做的也是为了努力纠正它。有一些发现只适用于20世纪30年代这项研究刚开始时所研究的一个或两个群体，而这些狭隘的发现不会在本书中展示。幸运的是，我们现在可以将最初的哈佛研究样本的结果与我们自己扩大样本（包括最初参与者的妻子、儿子和女儿）后的结果进行比较，也可以与包含更多元的文化和经济背景、性别认同和种族的研究进行比较。在接下来的几页中，我们将强调被其他研究也证实的一些发现——这些发现已经被证明适用于女性、有色人种、性少数群体，以及全球范围内的各种社会经济群体——适用于我们所有人。本书的目的是提供我们对人类状况的了解，向你展示哈佛研究关于生活普适性的发现。

马克已经在一所女子学院任教25年了，每年都会有一批聪明活跃的学生要求参加他关于幸福和人们的生活如何随时间进程演化的研究。来自印度的安娜雅就是这些学生中的一员。她对逆境和成年后幸福之间的关系特别感兴趣。马克告诉安娜雅，哈佛研究有贯穿了整个成年生活过程的数百人的丰富数据。但这些数据都来自白人男性，比安娜雅早70多年出生。她迫切地想知道，她能够从与她如此不同的人们——尤其是那些很久以前出生的年长白人男性的生活中学到什么。

马克建议她在周末阅读哈佛研究中的一名参与者的记录文件，然后他们可以在下周再次进行交流。安娜雅满怀热情地参加了下一次会面，在马克来得及问起之前，她就说她想对哈佛研究中的男性进行研究。她被在文件中读到的被记录下来的丰富生活所折服。尽管这位参与者的生活细节在许多方面都与安娜雅自己的生活截然不同——在不同的大洲长大，皮肤是白色而非棕色，认同自己是男性而非女性，从未上过大学——但安娜雅在这位参与者的心理经历和挑战中看到了自己的影子。

这是一个几乎每年都会重演的故事，在过去几年里更是如此。心理学及其他领域已经意识到了与种族和文化背景有关的严重的持续差异，罗伯特本人在刚开始被邀请加入哈佛研究中心担任新主任时也经历了类似的犹豫，他也对这些生活的相关性以及其中一些研究方法的奇特之处表示怀疑。他花了 个周末的时间通读了几份记录文件，立刻就被吸引住了，就像安娜雅一样。这正如我们希望你在阅读本书时会达到的那样。

自我们的第一代参与者诞生以来，整整一个世纪过去了，但人类仍然复杂难懂，这项工作永远不会结束。随着哈佛研究进入下一个 10 年，我们将继续完善和扩大我们的信息收集。我们的想法是，每一条数据、每一次个人反思或瞬间感觉都能描绘出更完整的人类图景，并可能有助于回答我们目前还想象不到的未来可能出现的问题。当然，关于人类生活的图景永远不可能完整。

但我们希望你能和我们一起涉足一些关于人类发展的难解之谜。例如，为什么人际关系看上去是丰富生活的关键？童年早期的哪些因素塑造了中老年时期的身心健康？哪些因素与长寿的关系最为密切？简而言之：

什么造就了美好生活？

当被问到在生活中想得到什么时，许多人说他们只想要"幸福"。如果罗伯特诚实的话，他应该也会这样回答。这个答案含糊得令人难以置信，但不知何故却道出了一切。马克则可能会停顿一秒钟，然后说："不止于此。"

但是幸福究竟意味着什么呢？它在你的生活中会是什么样子？

寻找答案的一种方法是询问人们什么会让他们快乐，然后找到共同之处。但我们将告诉你的是所有人都应该接受的一个残酷事实，那就是人们很难知道什么是对他们好的。我们稍后再谈这个问题。

比人们如何回答这个问题更重要的是人们关于"什么造就了幸福生活"这一问题的共通的和内在化的误解。这种误解有很多，但其中最主要的一种观点是，幸福是你要去实现的东西。似乎它是一个奖品，你可以把它框起来挂在墙上。或者它似乎是一个目的地，在克服了路上所有的障碍之后，你最终会到达那里，然后就在那里度过余生。

当然，事实并非如此。

两千多年前，亚里士多德创造了一个至今仍在心理学中广泛使用的术语：心盛幸福感（Eudaimonia）。它指一种极度幸福的状态，在这种状态下，一个人感到自己的生命有意义和目标。它经常与享乐快感（Hedonia, 享乐主义一词的起源）形成对比，后者指各种快乐构成的短暂幸福。换句话说，如果享乐主义幸福（hedonic happiness）是我们所说的玩得开心，那么心盛幸福（eudaimonic happiness）就是我们所说的生活很美好。它是这样一种感觉：无论快乐抑或痛苦，你的生命都是值得的，对你来说是有价值的。这是一种能够经受住波折起伏的幸福感。

别担心，我们不会一遍又一遍地说"你的心盛幸福"。但在此我们简单介绍一下我们要说的内容，以及它的含义：

一些心理学家反对"幸福（happiness）"这个词，因为它可以意味着任何东西，包括从暂时的快乐到现实中几乎无人能够实现的神话般的理想主义幸福目标。因此，在心理学文献中，"幸福（well-being）""健康（wellness）""繁荣（thriving）"和"繁盛（flourishing）"等更微妙的术语取代了幸福（happiness）。我们在这本书中使用了这些术语。马克特别喜欢繁荣和繁盛这两个词，因为它们指的是一种活跃的、持续不断的生成状态，而不仅仅是一种心境。但我们有时仍会用"幸福"一词，原因很简单，那就是人们谈论自己的生活时会这么说。没有人会问"你繁盛吗"，我们会问"你幸福吗"。因此在随意的谈话中，我们发现自己也在谈论研究。当谈论健康和幸福、意义和目标时，我们其实在谈论心盛幸福。尽管这个词存在不确定性，但当人们停下来思考它的真正含义时，它就会变成一个自然而然的术语。当一对夫妇描述他们刚出生的孙女时说道"我们很幸福"，或者当接受心理咨询的人说她的婚姻"不幸福"时，很明显，这个词描述的是一种长期的生活质量，而不仅仅是一种转瞬即逝的感觉。这就是我们在本书中使用幸福（happiness）这个术语的原因。

从数据到日常生活

你可能想知道，我们怎么能如此确定人际关系在我们的健康和幸福中扮演着如此重要的角色。我们是如何将人际关系与经济因素、好运或厄运、艰难童年或任何其他影响我们日常感受的重要环境因素分开的呢？什么造就了美好的生活，这个问题真的有可能被回答吗？

在研究了数百人的一生之后，我们可以回答所有人内心深处都已知的事实——一个人的幸福是由非常多的因素决定的。经济、社会、心理和健康促进因子之间的微妙平衡是复杂且不断变化的，罕有任何单一因素能够必然导致特定的结果，人们的发展总是会让你感到惊讶，但这并不意味着这个问题是没有答案的。如果你每隔一段时间反复观察相同类型的数据，那么在大量的研究和参与者中隐含的规律就会开始显现，人类心理繁荣的预测因素也变得清晰起来。

哈佛研究并不是世界上唯一一项长达数十年的关于人类心理繁荣的纵向研究，我们一直有意识地关注着其他研究，想知道我们的研究结果在不同时代和不同人群中是否具有稳健性。每项研究都有自己的特别之处，因此在多项研究中重复验证研究结果在科学上是必要的。

其他几个重要的纵向研究案例囊括了成千上万的人。

英国队列研究（the British Cohort Studies）包括 5 个在特定年份出生的具有全国代表性的大型群体（最早是出生于二战刚结束时期的婴儿潮一代，最近是出生于 21 世纪初的儿童），并对他们的一生进行追踪调查。

米尔斯纵向研究（the Mills Longitudinal Study）自 1958 年一群女性高中生毕业以来一直对她们进行着追踪调查。

达尼丁多学科健康与发展研究（the Dunedin Multidisciplinary Health and Development Study）始于 1972 年，对出生在新西兰一个小城市的 91% 的儿童进行研究，并持续追踪到他们中年（最近还追踪他们的孩子）。

考艾岛纵向研究（the Kauai Longitudinal Study）持续了 30 年，涵盖了 1955 年出生在夏威夷考艾岛的所有儿童，其中大多数是日本人、菲律宾人和夏威夷人的后裔。

芝加哥健康老龄化和社会关系研究（the Chicago Healthy Aging

and Social Relations Study）从 2002 年开始对不同的中年男女群体进行了长达 10 多年的深入研究。

多样性社区的健康老龄化终身研究（the Healthy Aging in Neighborhoods of Diversity across the Life Span Study）自 2004 年以来，一直在调查巴尔的摩市数千名成年黑人和白人（年龄在 35~64 岁）健康差距的本质和原因。

学生会研究（Student Council Study）始于 1947 年，开始追踪调查被选为布林·莫尔学院、哈弗福德学院和斯沃斯莫尔学院学生会代表的男女学生们的生活。这项研究一部分是由哈佛研究的研究人员策划的，旨在收集最初并未包含在哈佛研究中的女性样本的人生经历。它持续了超过 30 年，这项研究的原始档案材料最近被重新发现。由于学生会研究与哈佛研究相关，因此你将在本书中看到其中一些女性的经历。

所有的这些研究，包括我们的哈佛研究，都见证了人际关系的重要性。这些研究显示，与家人、朋友以及社群联结更紧密的人比那些疏于联结的人更幸福，且身体更健康。那些比他们自己想要的更加孤独的人会发现自己的健康状况比那些认为自己和他人有联结的人恶化得更快。孤独的人的寿命也更短。而且，这种与外界脱节的感觉似乎在世界各地蔓延。大约四分之一的美国人表示自己感到孤独，人数超过六千万。近年来，中国老年人的孤独感也明显增加。英国还任命了一名孤独部长（Minister of Loneliness），以应对这一已然成为重大公共卫生挑战的问题。

孤独者可能是我们的邻居、我们的孩子、我们自己。其中有无数社会的、经济的和技术的原因，但不管是什么原因，数据都再清楚不过了：孤独和社会脱节的阴影笼罩着我们这个科技"互联"的世界。

你现在可能在想，你是否真的能做点什么来改变自己的生活。让我们善于交际或感到害羞的品质是不是已经在我们的人格中根深蒂固了？我们是注定被爱抑或孤独，注定快乐抑或不快乐吗？我们的童年经历会永远定义我们吗？我们经常被问到这样的问题。说真的，大多数人都可以归结为有这样一种恐惧：对我来说，现在太晚了吗？

这是哈佛研究一直在努力回答的问题。这项研究的前任负责人乔治·瓦兰特在他的职业生涯中花了大量的时间来研究人们应对生活挑战的方式是否会改变。多亏了乔治以及其他人的研究工作，我们可以对这个问题做出回答：对我来说是否太晚了？绝对不晚。

永远不会太晚。诚然，你的基因和经历塑造了你看待世界的方式，你与他人互动的方式，以及你应对负面情绪的方式。当然，经济进步和基本人类尊严的机会并非人人都能平等获得，我们中的一些人生来就处于非常不利的位置。但你在这个世界上生活的方式并非埋在石头里一成不变。他们更像是被埋在沙子里。你的童年经历不是你的命运。你的资质不是你的命运。你的成长环境不是你的命运。研究清楚地表明了这一点。你生活中发生的任何事情都不会成为你与他人沟通心理繁荣或者快乐的阻碍。人们通常认为，一旦你成年了就意味着你的生活和生活方式已经定型了。但是，纵观所有关于成人发展的研究，我们发现事实并非如此。有意义的改变是可能的。

我们刚才用到了一个特别的表述。我们谈论的是那些"比他们想要的更加孤独的人"。我们使用这句话是有原因的：孤独不仅仅是物理上与他人的隔绝。你认识人的数量并不一定决定你的联结感或孤独感。你的生活和婚姻状况也是如此。你可能在人群中感到孤独，也可能在婚姻中感到孤独。事实上，我们知道那些缺乏感情基础、冲突频繁的婚姻比离婚更不利于健康。

相反，关系的质量才是重要的。简而言之，生活在温暖的人际关系中是对身心的双重保护。

这是一个重要的概念：保护。生活是艰难的，有时它会充满打击，温暖而密切联结的关系可以保护你免受生活和衰老的打击。

当我们在哈佛研究所追踪的人活到80岁时，我们就会回顾他们的中年生活，看看我们是否能通过什么来预测谁将成为快乐、健康的八旬老人，而谁不会。所以我们回顾了他们50岁时的所有信息，发现并非他们中年时的胆固醇水平决定了他们如何变老，而是他们对关系的满意程度。那些在50岁时对自己的人际关系最满意的人在80岁时心理和身体都是最健康的。

随着我们对这种联结的进一步研究，证据不断增加。我们研究中最幸福的伴侣在他们80多岁时报告说，即使在他们身体疼痛较多的日子里，他们的心情也能保持同样的快乐。但是，当处于不愉快关系中的人报告身体疼痛时，他们的情绪会恶化，这也会给他们带来额外的情感痛苦。关于人际关系的强大作用，其他研究也得出了类似的结论。以下是上文提到的一些纵向研究中的几个例子。

通过对3720名成年黑人和白人（年龄在35~64岁）的调查，多样性社区的健康老龄化终身研究发现，那些报告自己得到更多社会支持的人抑郁程度也更低。

芝加哥健康老龄化和社会关系研究是对芝加哥居民进行的一项代表性研究，在这项研究中，拥有满意关系的参与者报告了更高的幸福感水平。

在新西兰达尼丁多学科健康与发展研究中，青少年时期的社会关系比学业成绩更能预测成年后的幸福感。

这样的研究发现不胜枚举。当然，科学并非人类知识中唯一与美好生活有关的领域。事实上，科学只是后来者。

古人走在了前面

几千年来，哲学家和宗教一直认为健康的人际关系对我们有益。在某种意义上而言，值得注意的是纵观整个历史，试图理解人类生活的人们总是得出非常相似的结论。这也是有道理的。尽管我们的技术和文化在不断变化——现在的变化速度比以往任何时候都要快——但人类经历的基本方面不会变。当亚里士多德提出"幸福"这一概念时，他是基于对世界的观察，当然也是基于他自己的感受，这些感受和我们今天所经历的感受是一样的。当老子在 2500 年前说"既以与人，己愈多"时，他实际上指出了一个至今仍然存在的悖论。他们生活在不同的时代，但他们的世界仍然是我们生活的世界。他们的智慧是我们的遗产，我们应该加以利用。

我们指出这些与古代智慧的相似之处，是为了将我们的科学置于更广阔的背景下，并强调这些问题和发现的永恒意义。除了少数的例外，科学对古人或公认的智慧不太感兴趣。在启蒙运动之后，科学就像追求知识和真理的年轻英雄一样走上了自己的道路。这可能花了数百年的时间，但在人类幸福领域，我们现在正接近一个完整的循环。科学知识终于追赶上了经得起时间考验的古老智慧并与之相连。

崎岖的发现之路

每天，我们两人一起工作，来推敲是什么造就了美好生活这一问题。随着时间的流逝，一些结果让我们大吃一惊。我们以为板上钉钉的事情实际上并非如此；我们以为是错误的事情结果被证明是正确的。在接下来的章节中，我们将与您分享全部或大部分内容。

在前五章中，我们将探讨人际关系的基本性质，并具体说明如何应用这本书中最有力的一课。我们会讨论你在生活中的位置——你在人类生命历程中的位置——将如何帮助你从日常中找到意义和幸福。我们也会讨论社会健康（social fitness）这一极其重要的概念，以及为什么它和身体健康一样重要。我们还会探讨好奇心和注意力如何改善人际关系和幸福感，并且提供一些策略来应对这样一个事实：人际关系有时也会给我们带来最大的挑战。

在后面的章节中，我们将深入挖掘特定关系类型的本质，从长期亲密关系中最重要的因素、早期家庭经历对幸福感的影响以及应对方法，到工作场所经常被忽视的建立联结的机会，再到所有类型的友谊都会带来的惊喜好处。通过这一切，我们将分享得到这些见解的科学研究，我们也将从哈佛研究参与者那里了解到，近一个世纪以来所有的这些事情在他们的现实生活中扮演着什么样的角色。

* * *

作为主任和副主任，我们把生活重心放在哈佛研究以及它所能教给我们的关于幸福的东西上。我们对人类状况的迷恋让我们感到幸福（也感到痛苦）。罗伯特是一名精神病学家和精神分析学家，他每天花费数小时与人们谈论他们最深切的担忧。除了指导哈佛研究之外，他还教年轻的精神病学家如何进行心理治疗。他已经结婚35年了，有2个成年的儿子，工作之余，他会花很多时间在冥想垫上练习和传授禅宗佛教。马克是一名临床心理学家和教授，30年来一直在教授和培训新兴心理学家和研究人员。他也是一名执业治疗师，处在一段长久的婚姻关系中，抚养着2个儿子。作为一名狂热的体育迷，他经常在工作之余出现在网球场上与他人切磋（年轻时是在篮球场上）。

我们俩的研究合作和友谊开始于大约30年前。我们在马萨诸塞州精神健康中心相遇，这是一个标志性的社区组织，我们都曾在那里与处在恶劣社会和经济条件下同精神疾病做斗争的人并肩作战。无论是在我们的临床工作，还是在我们对生活的研究中，我们都觉得有使命去理解那些与我们有着截然不同背景的人的经历。

30年后，我们发现仍然是彼此的朋友，仍然在研究上合作，并尽我们所能带领哈佛研究的巨大生命故事宝库走向了第二个世纪。在了解这些人及其家庭的过程中，我们也学到并将继续学习关于我们自己、关于如何塑造我们自身生活的宝贵经验。这本书试图分享这些经验和教训，以及哈佛研究参与者给全世界的无价礼物。毕竟，他们不只是为了像我们这样的研究人员才同意参加的，他们这样做是为了每个地方的每个人。他们的生活构成了这本书跳动的心脏。

我们已经看到了将这些洞见分享到更大的世界中会产生怎样的结果。在我们从事这项研究的过程中，我们已就在后续章节中分享的发现做了数百次演讲。讲座结束后，人们一次又一次地向我们表示，听到我们的研究结果，他们感到非常欣慰，因为这些讲座非常清楚地表明了一件事：美好生活并不总是遥不可及。它不是需要等待的在遥远的未来的一个梦幻般的事业上的成功。它不会在你获得一大笔钱后才生效。美好生活就在你眼前，有时只有一臂之遥。现在就开始吧。

2

为什么人际关系很重要?

最好的想法不在阴暗的角落里。它们就在我们眼前,就在我们眼皮底下。

——理查德·法森和拉尔夫·凯斯

哈佛研究"8天"问卷的第6天（2003）

问：健康长寿的秘诀是什么？

答：幸福，关怀；注意你吃的东西；试着出去散散步或锻炼一下；交朋友，有朋友真好。

哈丽特·沃恩，研究参与者，80岁

想想当你爱一个人，或者当你知道有人爱你的时候，你会有什么感觉。想想这种温暖和舒适的感觉是如何在你的身体里流淌的。现在，想想当一位亲密的朋友帮助你渡过难关时，那种相似但又截然不同的联结感，或者当你尊敬的人说他们为你感到骄傲时，那种持续的兴奋感。想想感动落泪的感觉，或者当你精力充沛的时候，和同事一起开怀大笑的感觉。想想失去亲人的身心伤痛，或者向邮递员挥手那瞬间的愉悦感。

这些感觉，无论大小，都与生理过程有关。正如大脑通过奖赏我们愉悦的感觉来回应我们腹中的美食一样，它也会对我们与他人的积极接触做出反应。大脑有效地对我们说：是的，请再多来点儿这个。积极的互动告诉身体我们是安全的，降低了我们的生理唤醒程度，增加了我们的幸福感。相比之下，消极的经历和互动则会让我们产生一种自己处于危险之中的感觉，并刺激我们产生肾上腺素和皮质醇等应激激素。这些激素是一系列身体反应的一部分，这些反应提高了我们的警觉性，并帮助我们在至关重要的时刻做出反应——战斗或逃跑。它们是我们压力感的重要来源。

我们依赖于应激激素发出的信号以及愉悦的感觉，因为这些生理过程指引着我们度过生活中的挑战和机遇：避开危险，寻求联结。

这些对奖赏和威胁情况的反应经历了漫长的历史进化。几十万年来，智人一直带着这些建立在体内的生理指南行走在地球上。当婴儿因为你的傻傻表情而大笑时，你获得的那种小小喜悦在生物学上与你的祖先在公元前10万年逗婴儿笑时得到的喜悦有关。

史前人类受到的威胁是如今的我们难以想象的。他们有着与我们相似的身体，但原始的技术只给它们提供了用来抵御环境威胁和肉食动物伤害的最低限度的保护，而且几乎没有治疗受伤或其他健康问题的方法。牙痛都可能会导致死亡。他们过着短暂、艰难甚至可怕的生活。但他们还是活了下来。为什么？

一个重要的原因是早期智人与许多其他成功生存的动物物种有着共同的特征：他们的身体和大脑已经进化到鼓励合作的状态。

他们幸存下来是因为他们的社会性。

尽管生存有了新的含义和复杂性，但人类这种动物如今并无太大不同。与过去的几个世纪相比，21世纪的生活变化比以往任何时候都要快，我们生活面临的许多威胁都是我们自己造成的。除了气候变化、与日俱增的收入不平等以及新兴通信技术的复杂性带来的挑战之外，我们还必须应对我们内心状态的新威胁。孤独比以往任何时候都更加普遍，我们古老的大脑旨在寻求群体带来的安全感，会将这些消极情绪视作危及生命的体验，从而导致压力和疾病。每过去一年，人类文明都面临着新的挑战，这些挑战在50年前都是不可想象的。它也带来了新的选择，这意味着现在生活道路比以往任何时候都更加多样化。但是，无论变化的速度和我们现在拥有的选择如何，这个事实仍然存在：人类已经进化到需要与其他人类联结在一起的状态。

说人类需要温暖的关系并不是一个感性的想法。这是一个不争的事实。科学研究一再告诉我们：人类需要营养，需要锻炼，需要目标，也需要彼此。

我们经常被要求总结哈佛研究的结果。人们想知道：研究发现的最重要的东西是什么？我们两个人天生反感简单的答案，所以这些总结往往不像提问者希望的那样简短。但当真正思考84年间的研究和数百篇研究论文所发出的一致信号时，我们就会读出一则简单的信息：

积极的人际关系对人类幸福至关重要。

我们斗胆猜测，如果你正在读这本书，那么你是在寻找智慧，或者你至少对怎样才能过上美好生活感到好奇。你想要有意义的、有目标的、快乐的生活，你想要健康。如果更大胆一点，我们猜测你已经在尽你最大的努力变得快乐和健康。你对于自己是谁、自己的好恶、情绪和社交能力有一定了解。日复一日，你努力过着最好的生活。如果你和我们大多数人一样，那你还可能并非总是成功的。

在这本书中，我们将讨论人们很难在生活中找到幸福和满足感的常见原因，但在这之前有几个普遍的事实需要知晓。

第一，美好生活可能是大多数人的核心关注点，但它不是大多数现代社会所关注的重心。当今的生活笼罩在相互竞争、政治和文化优先的社会风气之下，其中一些与改善人们的生活几乎毫无关系。

现代世界将许多事情置于人类生活体验之前。

第二个相关原因，甚至是根本的原因：我们的大脑，这个在已知的宇宙中最为复杂和神秘的系统，在我们追求持续的快乐和满足时经常误导我们。我们可能有非凡的智慧和创造力，我们可能绘制了人类基因图谱，也可能在月球上行走，但当涉及对自己的生活做出决定时，我们往往不知道什么对我们有益。这方面的生活常识往往并不那么明晰。我们很难弄清楚什么才是真正重要的。

这两件事——文化的阴霾，以及我们在预测什么让我们幸福时犯的错误——交织在一起，每天都在我们的生活中发挥着重要作用，对我们的一生产生显著影响。身处的文化引导着我们朝着特定的方向前进，有时我们甚至无法察觉，只是跟着走，表面上假装我们知道自己在做什么，内心却处于一种低级的困惑状态。

在更深入地谈论那些让我们远离美好生活的文化的和个人的影响因素之前，让我们先来看看两位哈佛研究参与者的生活，他们已经历尽生活的挑战，看看他们的经历能否教会我们：什么是重要的，什么是不重要的。

中奖的运气

1946 年，约翰·马斯登和利奥·德马科都站在人生的重要十字路口。两人都很幸运，刚刚从哈佛大学毕业，都在二战期间自愿参军——约翰因为健康问题不能上前线，因而在美国国内服役，利奥在南太平洋的海军服役。现在战争结束了，两人都即将步入接下来的人生阶段。他们拥有大多数人会认为的优势：约翰家庭富有，利奥的家庭属于中上阶层，他们毕业于名牌大学，生活在一个白人男性享有特权的社会里，刚好他们是男性白人。更不用说战后，因为联邦资助的《退伍军人权利法案》和当地社区扶持，退伍军人得到了大量的社会经济支持。美好生活似乎正在前方等着他们。

虽然哈佛研究最初的男性参与者中有近三分之二来自波士顿最贫穷和条件最恶劣的社区，但剩下的三分之一是哈佛大学的本科生，他们一直被培养去取得成功，每一个人都被期望成为美国美好生活的典范。像约翰和利奥一样，他们中的一些人来自富裕家庭，大部分都拥有良好的职业生涯并成立了家庭，取得了经济和事业上的成功。

到这里，我们看到了一个常识误导我们的例子。许多人自然而然地认为，人们生活的物质条件决定了他们的幸福感。我们假设，生活不那么优越的人肯定不那么幸福，而生活优越的人当然更幸福。科学研究讲述了一个更复杂的故事。当研究数以千计的人的生活时，你会发现其中显现的规律并不总是符合人们关于事情应该如何发展的流行观念。像约翰和利奥这样的生活案例让我们看到了什么才是真正重要的。

约翰需要做出一个抉择：留在克利夫兰，在他父亲的干货专营店工作并最终接管它，或者追随他的梦想去上法学院（他刚刚被芝加哥大学录取）。能有这样的选择机会，他是幸运的，单看这样表面上的生活状态。很多人会认为约翰注定会获得幸福。

约翰决定去读法学院。他一直是个勤奋的学生，而且一直保持着这一点。根据约翰自己的说法，他的成功更多地归功于辛勤工作，而不是任何特殊的智力。他告诉研究者，他的主要动机是对失败的恐惧，他甚至故意回避约会，以免学习分心。当他从芝加哥大学毕业时，他的成绩在班上名列前茅，他开始寻找有吸引力的工作机会，最终在一家鼓励他从事他希望从事的公共服务工作的公司安顿下来。

他开始为联邦政府提供公共服务管理方面的咨询，并在芝加哥大学授课。他的父亲虽然对约翰离开家族企业感到失望，但也很自豪。约翰走着他自己的路。

而利奥曾梦想成为一名作家和记者。他在哈佛大学学习历史，并在战争期间写了详尽的日记，认为自己总有一天会把它们改写成一本书。他在战争中的经历使他相信自己走上了正确的道路——他想写作历史如何影响普通人的生活。但当他身处国外时，他的父亲去世了，他回到家后不久，母亲又被诊断出患有帕金森病。作为3个孩子中的老大，他决定搬回佛蒙特州的伯灵顿，就近照顾母亲，并且很快在高中找到了教职。

在他的第一份教学工作开始后不久，利奥遇到了格蕾丝，并深深地爱上了她。他们迅速结婚，并在一年内有了第一个孩子。在那之后，他的生活轮廓基本确定了。在接下来的40年里，他继续在高中任教，其间再也没有追求过成为一名作家的梦想。

让我们快进29年，时间来到1975年2月。两人现在都55岁了。约翰在34岁时结婚，现在是一名成功的律师，年收入5.2万美元。利奥仍然是一名高中教师，每年挣1.8万美元。有一天，他们收到了同样的邮寄问卷。

让我们想象一下，约翰·马斯登在他的律师事务所，预约间隙坐在他的办公桌前，而利奥·德马科坐在伯灵顿高中的办公桌前，此时他的九年级学生正在为一场历史考试而苦恼。这两个人回答了关于他们的健康状况和近期家族的问题，最终每个人都回答了一组180道的"是 / 否"题。其中有这样两个问题：

是非判断

生活中痛苦多于快乐。

约翰（律师）写道：

是。

利奥（老师）写道：

否。

经常感到对感情的渴望。

约翰写道：

是。

利奥写道：

否。

    他们继续回答关于他们的饮酒习惯（两人每天都喝一杯）、睡眠习惯、政治观点、宗教活动（两人都在每个星期天去教堂）等问题，然后他们被要求补充完整下面两个问题：

请完成以下句子：

当 _____ 时，一个人会感觉很好。

约翰写道：

能够回应自己的内驱力。

利奥写道：

感觉到不管发生什么，家人都爱我。

与其他人在一起 _____

约翰写道：

是愉快的。

利奥写道：

是愉快的（在一定程度上！）

约翰·马斯登是这项研究中在职业上比较成功的参与者之一，也是最不快乐的人之一。他像利奥·德马科一样希望与人亲近，正如上面的答案所显示的那样，他爱他的家人，但他一生中一直报告自己有孤独和悲伤的感觉。他在第一段婚姻中苦苦挣扎，并疏远了他的孩子。当他 62 岁再婚时，他很快就把这段新关系形容为"无爱的"，尽管这段关系维持到他生命的尽头。之后我们会更多地讨论约翰的绝望之路，以及一些可能导致他痛苦的因素，但约翰生活中的一个特殊之处现在让我们感到担忧：虽然他努力让自己快乐，却在他生命的每个阶段将自己的全部倾注于他所谓的"内驱力"。他开始职业生涯的初衷是希望让别人的生活更好，但随着时间的推移，他的成就越来越少地与帮助人们有关，而更多地与职业成功联系在一起。他坚信自己的事业和成就会给他带来幸福，但他始终未能找到一条通往幸福的道路。

而利奥·德马科主要在自己与他人的关系中思考自身——他的家人、学校和朋友经常出现在他对研究人员的报告中——他被认为是研究中最幸福的人之一。但是，一位研究人员采访中年利奥后写道："我们的访谈结束后，他给我的印象是，嗯……有点普通。"

然而，根据利奥自己的说法，他过着富裕而满意的生活。他不会出现在晚间新闻报道里，他的名字在当地社区之外也并不为人所知，但他有四个女儿和一个爱慕他的妻子，令朋友、同事和学生难忘，他在一生的研究问卷里都给自己做出了"很幸福"或"极其幸福"的评价。与约翰不同，利奥之所以发现他的工作特别有意义，是因为他能从别人通过他的教学获得的好处中收获快乐。

现在，回顾这两个人的生活，我们便很容易看到他们各自的信念、他们所做的决定以及他们的生活是如何展开的。但是，为什么在当下做出有益于我们幸福的决定会如此困难呢？为什么我们常常忽视就在眼前的幸福源泉？芝加哥大学的研究人员进行的一项实验揭示了这一难题的核心部分。

列车上的陌生人

想象一下你在一列火车上，周围坐满了陌生人。如果你想要一次尽可能愉快的旅程，你可以选择：与陌生人交谈或自己独处。你会选哪个？

我们知道大多数人都会如何选择：自己独处。谁会想和一个陌生人打交道呢？他们可能会唠叨个没完。此外，我们还想完成一些工作，或者只是享受一些音乐或播客。

这种关于什么会让我们快乐的预测在心理学上被称为"情感预测"。我们不断地预测生活中各种事情会给我们带来何种感受，事无巨细。

芝加哥大学的研究人员在他们当地的火车上进行了一项情感预测实验。他们让乘客预测两种情况中的哪一种——与陌生人交谈或自己独处——会带来更积极的体验。然后，他们让一组乘客故意与身边的陌生人交流，另一组人则与陌生人保持距离。到终点时，他们询问两组人的乘车感受。

在乘车之前，绝大多数人都预测，与他们不认识的人交谈会是一种糟糕的体验，而自己独处会好得多。他们预测了什么会让他们快乐，而什么又会让他们痛苦。然而，实际的体验与他们的预测恰恰相反。当乘客被要求与他人交谈时，大多数人都有积极的体验，并认为他们此次乘车体验比平常更好。习惯在火车上办公的乘客还报告说，当他们与陌生人交谈时，效率并没有降低。

有很多类似的研究表明，人类并不擅长情感预测。不只是在火车研究这样的短期情况中，从长远来看也是如此。我们似乎尤其不善于预测人际关系带来的好处。这在很大程度上是出于一个看似显而易见的事实，即人际关系可能会变得混乱和不可预测。这种混乱是促使我们中的许多人更喜欢独处的原因之一。我们不只是在寻求独处，我们其实是在避免与他人联结可能带来的混乱。但我们高估了这种混乱，低估了人际联结的益处。这是我们一般决策的特点：我们非常关注潜在成本，而淡化或忽视潜在收益。

许多人都会发现自己就是如此。我们避免认为会让自己感觉糟糕的事情，追求我们认为会让自己感觉良好的事情。我们的直觉并不总是带偏我们，但在一些重要的领域，它们确实会让我们误入歧途。像约翰·马斯登一样，我们中的许多人最终都会一遍又一遍地根据看似完全合乎逻辑的错误思维，做出一些重大决定（比如从事哪种职业）或相同的小决定（比如不与陌生人交谈）。然而，我们很少有机会看到哪里出错了。

如果我们生活在一个没有外部力量能够影响我们决策的真空中，一切都会非常困难；当我们将决策放置于我们所面临的文化影响中时，问题就会变得更加复杂，因为文化影响本身就可能包含了一些会让我们偏离轨道的想法。我们不是唯一会预测什么让我们快乐的，我们生活在其中的文化也在为我们做出预测。

文化的魔咒

2005 年，作家大卫·福斯特·华莱士（David Foster Wallace）在凯尼恩学院的毕业典礼上发表演讲时，用寓言指出了一个不可磨灭的事实：

> 有两条小鱼在游泳，它们碰巧遇到一条向反方向游的老鱼，老鱼朝它们点点头说："早上好，孩子们。水怎么样？"两条小鱼游了一会儿，最后，其中一条看着另一条，问道："水到底是什么？"

每种文化——从一个民族的广义文化到一个家庭内部的文化——至少有一部分是对其参与者不可见的。一些重要的假设、价值判断和实践在不经意间，在未征询我们意见的情况下建构了我们"游泳的水"。我们只是发现自己身处其中，然后继续前进。文化的这些特征影响了我们生活中的几乎所有事情，通常是以积极的方式将我们彼此联系在一起，形成认同和意义感。但也有另一面。有时，文化信息和实践会让我们远离幸福与快乐。

所以，让我们停一会儿，就像华莱士鼓励即将毕业的学生那样，觉察周围的文化之水。

在 20 世纪 40 年代和 50 年代，在约翰、利奥和哈佛研究的其他最初参与者成年之时，美国文化中充满了对美好生活的假想——事实上现在也一样，未来也将如此。这些假想渗透到他们的生活中，更重要的是，渗透到他们的生活选择中。例如，约翰坚信从事法律并成为一名律师——一个受人尊敬的职业——会为他未来的幸福奠定基础。他成长的文化背景为这一坚定信念创造了条件，使之看起来好像理所当然。

这是一个复杂的领域，因为我们各自的文化鼓励我们追求的东西——金钱、成就、地位及其他——并非完全是海市蜃楼。金钱可以让我们获得幸福所需的重要东西；成就往往令人满意，追求它们可以为我们的生活提供目标，让我们进入新的、令人兴奋的领域；地位给予我们一定的社会尊重，可以让我们做出积极的改变。但是，金钱、成就和地位都有压倒其他优先事项的趋势。这也是我们古老的大脑进化出的一种功能：我们专注于当下最明显、最直接的东西。人际关系的价值是短暂的，而且很难量化，但金钱是可以计算的，成就可以列在简历上，社交媒体的关注者数量会在屏幕的右下角显示增加。这些可量化的胜利带给我们欢喜的悸动——令人愉悦的感觉，那些古老信号的残余。在一生中，我们都可以看到这些积累，我们追随这些目标而不问缘由。很快，我们发现自己偏离了方向，从追求这些被文化认可的东西来对自己和他人的生活产生积极影响，到追求本身成为目的。于是追求变得抽象起来，没有形状，触不可及，对更好生活的追求也开始看起来更像是在兜圈儿。

这些欲望及其心理基础有很多值得探讨之处，但为了更好地说明，让我们先深入地讨论一个典型的基础，一个在世界各地的许多文化中都存在的历史悠久而古老的文化假设，而且没有任何消失的迹象：

美好生活的基础是金钱。

当然，很少有人会面不改色地这样说，但这种信念的力量在我们周围随处可见：在高薪工作与"好"工作的权衡中、在对超级财富的迷恋中、在日益功利的教育体系（"你上学是为了得到一份更好的工作"）中、在商品的诱人承诺中，以及许多其他生活方式中。

这个故事在很大程度上是文化之水的一部分，尽管哲学家、作家和艺术家几千年来一直在提醒人们警惕财富的诱惑，但它仍然存在。

例如，亚里士多德在2000年前就提出了这个问题。"赚钱的生活是在强迫下进行的，"他写道，"财富显然不是我们所追求的善，因为它仅仅是有用的，是为了别的目的而存在的。"

我们能够列出上百种类似的观点，出自不同时代、不同地方。"金钱从来没有让人幸福过，将来也不会。"（本杰明·富兰克林）或者"不要把钱作为你的目标。相反，去追求你喜欢做的事情，然后把它们做得非常好，让人们的目光无法从你身上移开。"（玛娅·安杰卢）。这些都流传至今，汇成相同的一句老话：金钱买不到幸福。

这个想法是如此普遍，以至于它本身已经融入了世界各地的资本主义文化。人们总是告诉对方，金钱不是解决问题的答案，然而在几乎所有的文化中，金钱仍然是欲望的核心对象。

其中的主要原因并不神秘。金钱可以买来幸福的想法之所以保有魅力，是因为我们每天都能看到它对人们生活的影响。

在美国，收入不平等的状况几十年来一直在加剧，并且与其他各种不平等现象相关，从获得医疗保健水平的差异到富人通勤时间更短的事实等。金钱的总体影响是如此显著，以至于高收入者预计比低收入者多活10~15年。哈佛研究中的男性也一样：样本中大学男性的收入明显高于波士顿市中心的男性，平均而言，大学男性的寿命比市中心男性长9.1年。

因此，在某种程度上，金钱可能是幸福的主要创造者的观点是一种常识性的观察结果。然而，它并不能反映全部真相。要了解金钱对幸福和健康的影响程度，我们必须更深入地研究，并像亚里士

多德所建议的那样问:

钱是用来做什么的?

当我们谈论金钱时,我们在谈什么

2010 年,普林斯顿大学的安格斯·迪顿(Angus Deaton)和丹尼尔·卡尼曼(Daniel Kahneman)试图通过一项为期一年的盖洛普调查(Gallup Survey)来量化金钱与幸福的关系,这项调查从具有全国代表性的 1000 人样本中获得了 45 万份每日回复的海量数据。

迪顿和卡尼曼指出,在美国,7.5 万美元似乎是一个神奇的数字。一旦家庭年收入超过 7.5 万美元(约等于研究期间美国家庭的平均收入),人们赚的钱与他们每天报告的快乐和欢笑(这些是衡量情绪健康的指标)就没有明显的关系了。

这一研究结果似乎强化了金钱买不到幸福的观点,但研究的另一半结果也同样重要:对于年收入低于 7.5 万美元的家庭来说,更多的收入确实与更多的幸福感存在相关性。

当人们缺钱、基本需求不能稳定地得到满足时,生活可能会有令人难以置信的压力,在这种情况下,每一美元都很重要。有了基本的钱,人们就可以满足这些需求,对生活有一定的控制权,在许多国家人们还可以获得更好的医疗保健和生活条件。

迪顿和卡尼曼的这项研究之所以令人印象深刻,在于他们估算了幸福的金钱拐点,但这项研究的意义并不新鲜。它与其他在不同财富水平的国家和文化中使用不同方法进行的研究基本一致。这些研究既关注了金钱如何影响个人幸福,也关注了整个国家财富的增加是否会影响民众的整体幸福感。不管他们的研究方法和地点如何,这些研究都得出了一个相似的结论:在收入水平较低的地方,钱最重要，在那里美元、欧元、卢布或人民币被用来满足基本需求和安全感。一旦超过了某一阈限，钱似乎就不再是幸福的关键。正如迪顿和卡尼曼在他们的研究中所写的那样："更多的钱不一定能买到更多的幸福，但更少的钱总与情绪上的痛苦相伴。"

在收入较低时，金钱带来了生存、安全和控制感所必需的实实在在的好处。但在稍高的收入水平上（不一定是 7.5 万美元），金钱的意义就开始变得更加抽象，变成了其他东西，比如地位和自豪感。

也许这一切发现对你来说并不意外。也许对你来说，金钱无关物质，也无关地位，而是关乎自由。你可能会想，金钱在这个世界上有很大的力量，我拥有的钱越多，我就拥有越多的选择权和控制感。

这种感觉是可以理解的。金钱深深地融入了现代社会的根基之中。它与成就、地位、自我价值、自由和自我决定的感觉、我们照顾家人和给家人带来欢乐的能力、乐趣联系在了一起。它与一切联系在了一起。我们很自然地将它视为我们与世界互动并追求生活中许多事物的中心媒介。

即使是将生活建立在与家人和学生的关系上的利奥·德马科老师，他也非常看重金钱。多年来，除了小心翼翼攒下的退休金外，他还留出了一小部分钱，并用这些储蓄买了一艘渔船（他的大女儿给它取名为多洛丝）。那艘船在他的每个孩子的记忆中都占有重要地位。利奥将金钱作为一种工具来达到一些令人满意的个人目的——这些目的将他与他所关心的人联系起来。

然而，当金钱变成目的而不再是工具时，它就会与那些被我们周围的文化灌输了重要性的持续欲望站在一起被排序，就像名声与成就一样，或者正如理查德·塞内特和乔纳森·科布在《阶级的隐性伤害》中所描述的那样，金钱是"能力的徽章"，即公认的个人功绩。

我们的幸福在一定程度上也取决于我们观察邻居时的所见所感。将自己与他人进行比较是人类的天性。我们所看到的周围的生活——在现实世界、娱乐和社交媒体中——与我们认为可能达到的生活之间的差距有多大？研究表明，我们与他人比较越多——即使这种比较对我们是有利的——我们就越不快乐。我们看到的差距越大，我们的不快乐就越大。因此，同许多与幸福相关的事物一样，金钱对我们的影响既简单又复杂。但也许我们之所以从未找到"金钱能买到幸福吗？"这个问题的答案，是因为我们问错了问题。

也许正确的问法应该是：真正让我感到幸福的是什么？

查尔斯敦的男孩

艾伦·席尔瓦在14岁时爱上了电影。1942年夏天，他在汤普森广场找到了一份擦鞋的工作，这样每周有2次他可以去查尔斯敦的一家剧院，和朋友詹姆斯·卡格尼或苏珊·海沃德共度下午。如果他们不在，他就一个人看。每部电影他都会看两次，如果哪部电影不好，他会在第二次看的时候向售票员抱怨。在回家的路上，他可能会绕道去查尔斯敦码头看看能找到谁，因为他是当地一个教孩子们驾驶帆船的社区帆船俱乐部的成员。如果码头没有趣事发生，他就会去切尔西街，等一辆合适的送货卡车经过——通常是一辆后面有扶手的卡车——这样他就可以偷偷溜到后面，搭便车回家。他把这视作一个秘密。"他不会做跳卡车的事，"他的母亲告诉哈佛研究员，"我警告过他这样可能会失去双腿。"

同研究中的大多数波士顿孩子一样，席尔瓦一家生活贫困。艾伦的父亲是第一代葡萄牙移民，在海军造船厂当机械师，他的收入仅够维持全家的温饱。所幸艾伦是一个精力充沛、忙于自我追求的孩子，完全没有意识到他父母面临的经济压力。

在他 14 岁时采访过他的研究人员形容他是一个"疯狂的冒险家"。

"他气喘吁吁地跑来，"他母亲说，"然后就一直说个不停。"她倾向于给他一些自由，而这正是和他们共同住在三居室公寓里的婆婆所抱怨的一点，因为她认为艾伦会因此结交不好的人，开始偷窃，他的生活也会完蛋。

"我不是太严格，"艾伦的母亲说，"我让他做其他孩子做的事，这很正常。我妈妈太严厉了，这让我很郁闷。现在我在读一些儿童心理学的书籍。"

除了喜欢冒险，艾伦还雄心勃勃。如果他不去看电影，不去驾驶帆船，不去跳卡车，那他就是在家里摆弄他父亲给他买的圣诞礼物——一套拼装玩具。他想学习他所能学到的一切关于建造东西的知识。他认为自己可以掌控自己的生活，这也让他相信了研究中其他许多波士顿孩子不相信的事情：他可以上大学。

* * *

哈佛研究的两组人——波士顿男孩和哈佛男孩——在很多方面都不同。总体而言，这两组对比反映了一些严峻的现实：贫困的影响，以及工人阶层和专业阶层之间在生活结果上的差异。

但在这种社会经济鸿沟中，某些人际关系的优势仍然具有影响力。就艾伦·席尔瓦而言，他有一个爱他的母亲：她鼓励他，相信他，支持他的愿望。多亏了她的鼓励和支持，艾伦·席尔瓦成为波士顿样本中为数不多的上过大学的男性之一。在获得电气工程学位后不久，他受雇于一家电话公司，维持了很长的职业生涯，在56岁时退休。

在95岁时，艾伦对新电影不再感兴趣，但他会在电视上看一些他喜欢的老电影。2006年，当我们问他一生中最自豪的事情是什么时，他没有谈论他的职业生涯或大学学位。

"今年我们结婚48周年了。孩子们都成长得很好，孙辈也是如此。我为我的家庭感到骄傲。"

艾伦的故事生动地展现了哈佛研究关于人际关系力量的发现，它也提醒我们一个重要的事实：所有人都拥有丰富的经历，由很多可控的和不可控的事件组合而成。我们每个人都需想办法打好自己手上的牌。

有多少幸福由我们控制？

幸福和自由始于对一个原则的清晰理解：有些事情在你的掌控之中，而有些事情并非如此。

——爱比克泰德，《哲学谈话录》

另一位伟大的希腊哲学家爱比克泰德（Epictetus）生来就是奴隶，所以关于控制的问题对他来说是一个个人问题。我们甚至不理解他母亲给他起的名字：爱比克泰德是一个希腊语单词，意思是"后天"。

爱比克泰德说，当我们沉迷于无法控制的事情时，就会让自己变得痛苦。所以生活中的一个重要课题就是学会去辨别哪些可以控制，而哪些无法控制。

神学家莱因霍尔德·尼布尔（Reinhold Niebuhr）的"宁静祷文"（Serenity Prayer）是这一思想的现代版本，虽然与最初的版本有些不同，但它通常是这样引述的：

> 上帝，请赐予我宁静去接受我无法改变的事情，
>
> 赐予我勇气去改变我能改变的事情，
>
> 并赐予我智慧来分辨两者的不同。

出于一些易于理解的原因，人们通常认为：真正的幸福对我来说是遥不可及的，因为有太多的事情是我无法控制的。我没有遗传天赋；我不够外向；我过去经历过创伤，现在仍在与之抗争；在这个失衡的不公平的世界里，我没有特权。

许多事情在变化莫测的人生中都很重要。我们可能不喜欢这样，但有些我们与生俱来或为之而生的东西会影响我们的幸福感，也超出了我们此时的个人控制范围。基因很重要，性别很重要，智力、缺陷、性取向、种族……由于我们的文化偏见和事实，这些当然都很重要。例如，美国黑人，即使算不上最不占优的群体，至少是美国最不占优的群体之一。平均而言，与其他种族相比，美国黑人的储蓄更少、监禁率更高、健康状况更差，这些都导致了难以摆脱的持续的社会经济劣势。正如迪顿和卡尼曼的研究以及其他许多研究所表明的那样，社会经济地位会对情感健康产生影响。

这让我们回到了哈佛研究，回到关于其种族构成的一个重要问题：像约翰、利奥和亨利这样的在 20 世纪中叶美国长大的白人男

性的生活，对现代女性或者有色人种，来自完全不同的国家、文化和背景的人而言有什么参考价值呢？哈佛研究结果难道不是只与参与者有关的研究吗？

当马克被问到这个问题时，他想到了发表在《科学》杂志上的一篇令人震惊且有影响力的论文。这篇论文试图确定社会联结是否与任何年龄的死亡风险之间存在关联，它分析了世界上五个不同地方进行的 5 项研究中的女性和男性。

其中一项研究在美国佐治亚州的埃文斯县，另一个在芬兰东部。

大概没有什么能比 20 世纪 60 年代美国南部的黑人女性生活和芬兰冰冻湖边的白人男性生活更能形成鲜明对比的了。在能想象到的任何经验层面上，你都能看到一些重大差异。

5 项研究都是前瞻性的纵向研究，与哈佛研究一致，他们观察了随时间推移而展开的生活。

与许多研究一样，地理和种族对于男性和女性来说都很重要。在这项研究中，埃文斯县的平均死亡率最高，芬兰东部的死亡率最低。在埃文斯县，黑人在任何生命阶段的死亡风险都高于白人，尽管与芬兰和埃文斯县之间的差异相比，这一内部差异相对较小。总的来说，这些差异是鲜明而有意义的，但这只是故事的一部分。再往前拉一点儿，五个研究地点中的男女数据都呈现出一个非常相似的模式：**社会联结越紧密的人在任何年龄阶段的死亡风险都越低。**无论是佐治亚州乡村的黑人女性还是芬兰的白人男性，与他人的联结越密切，在任何一年中死亡的风险都会越低。

这种在不同地域和人群中发现一致性结论是科学家们所说的可重复性，是研究的"圣杯"，并不容易获得。仅仅因为一项科学研究发现了一些有趣的东西，并不意味着事情就解决了。好的科学研究需要重复研究结果。特别是当研究对象是像人类生活这样复杂的事物时，我们在多个研究中找到一致的信号是至关重要的，这些研究都指向一个相似的方向，只有这样，我们才能确信我们所看到的不是偶然。

在这 5 项研究分析后的 20 多年，另一项规模更大的研究有力支撑了人际关系和死亡风险之间的联系。朱莉安·霍尔特-伦斯塔德（Julianne Holt-Lunstad）和她的同事们分析了在世界各国（加拿大、丹麦、德国、中国、日本、以色列等）进行的 148 项研究，总共有超过 30 万名参与者。这一分析结果与《科学》杂志上那篇文章中所强调的 5 项研究结果相呼应：在所有年龄段、性别和种族中，强大的社会联结都与更长寿的概率增加有关。事实上，霍尔特-伦斯塔德和她的同事们量化了这种关系：令人难以置信的是，**社会联结使任何年龄阶段参与者的生存可能性都提升了 50% 以上**。在所有这些研究中，社会联结最少的人的死亡率是社会联结最多的人的2.3（男性）到 2.8（女性）倍。这些都是非常高的相关，可以与吸烟或患癌对死亡的影响相提并论。在美国，不吸烟被认为是预防死亡的首要因素。

霍尔特-伦斯塔德的研究是在 2010 年完成的。随着时间的推移，一项又一项的研究，包括我们自己的研究，持续在加强良好的人际关系和健康之间的联系，无论一个人的地位、年龄、种族或背景如何。虽然一个在南波士顿大萧条期间长大的意大利穷孩子的生活与一个 1940 年从哈佛大学毕业后来成为参议员的孩子的生活截然不同——甚至与现代有色人种女性的生活更加不同——但我们都拥有共同的人性。正如霍尔特-伦斯塔德所言，数百项研究的分析结果告诉我们，人类联结的根本好处在不同社区、不同城市、不同国家或不同种族之间没有太大变化。无可争议的是，许多社会并不能提供公平的竞争环境，文化习俗和结构性因素造成了人们大量的不公和痛苦。但是，人际关系对我们的幸福和健康的影响能力是普遍存在的。

随着我们研究的继续深入，我们将聚焦于确定你能做什么——无论你生活在哪个社会，也不管你的肤色如何。我们想揭示的是那些在不同的环境中已经被证明会影响个人生活质量的可塑因素，以及那些可以对你的生活产生影响并且你可以控制的因素。

到底是何种影响？与我们可以改变的事情相比，我们不能改变的事情又有多重要？

我们经常被问到这个问题。当我们中的一个人在演讲结束后或在一个随意的场合讨论我们的研究时，总会突然有人面带愁容提出问题，而我们几乎在被提问之前就可预料到会是什么样的问题：

"如果我主要担心的是钱和医疗保健，那么这些和我的幸福有关系吗？"

或者："如果我很害羞，很难交到朋友，那么美好的生活是不是遥不可及？"

又或者就像最近一位女士问的那样："如果我有一个糟糕的童年，我是不是就完蛋了？"

说某事重要和说它决定了一个人的命运完全是两码事。在科学领域，研究人员专注于寻找群体之间的可靠差异，我们使用"统计显著"这个不好的字眼儿来记录这些差异何时看起来可靠。然而，非常小的差异在统计上也可能是显著的，但这种差异太小了以至于它们实际上可能是没有意义的。因此，除了说这些因素重要之外，我们还需要考虑它们有多重要。

切开幸福派

研究者和心理学家索尼娅·柳博米尔斯基（Sonja Lyubomir-sky）用令人信服的证据表明，"什么让我们幸福"这一问题真的有答案。在一项可能会让爱比克泰德感到骄傲的分析中，她检验了我们的幸福感水平是可变的。

在大量研究结果的基础上，从在不同家庭长大的双胞胎的幸福，再到生活事件与幸福的关系，她试图发现幸福的易变性。之前的研究表明，人类有一个"幸福基点"，也就是幸福的基线水平，这在很大程度上受到遗传和人格特征的影响：无论我们在一段时间里感到多不快乐，或者在另一段时间里感觉多么快乐，我们都会被拉向那个基点。这是心理学领域几十年来一直在讨论的稳健发现。一般来说，在发生了让我们感觉更快乐或更悲伤的事情后，这种上升或下降的感受会开始消散，最终我们会回到一直以来感受到的总体幸福水平上。例如，在中彩票一年后，那些幸运的中奖者在幸福感方面与其他人没有什么区别。

但是，如果幸福基点意味着我们的幸福是一成不变的，那么值得指出的是，幸福的水杯已经半满了，或者至少填充了四成。柳博米尔斯基和她的同事使用研究数据估计，我们有意的行为活动对幸福很重要。我们的行动和选择约占我们幸福的40%。这是一个相当可观的占比，而且这部分仍然在我们的控制之下。

这些发现揭示了人类最基本和最有希望的事实之一：我们具有适应性。我们是坚韧、勤劳和有创造力的生物，可以在难以置信的困难中生存下来，笑着度过艰难的时期，并且变得更强大。但这也有另一面，正如"幸福基点"的概念和对彩票中奖者的研究表明的那样：我们也会适应更好的环境。我们的幸福感不可能无限提升，会落定在某一水平。我们会倾向于认为事情变得理所当然。这是关于金钱的讨论中的一个关键点。你可能会认为，赚 6 位数、找一份新工作或把你的旧本田换成更好的车会让你快乐，但很快你也会习惯这种情况，你的大脑会转移到下一个挑战、下一个愿望。即使是彩票中奖者也不可能永远保持兴奋。

这并不是人类性格的缺陷，而是一个生物学事实：我们在大脑中的同一个心理和神经活动区域加工所有经历，无论是积极的还是消极的。在这里，科学与斯多葛主义和佛教的核心信条以及许多其他精神传统相吻合：我们在生活中的感受更多地取决于我们内部发生的事情，而不是周围发生的事情。

大卫·福斯特·华莱士在前面提到的凯尼恩毕业典礼演讲中指出，现代西方文化（尽管它也适用于其他文化）已经对我们所有人的心理活动区域造成了影响，并为我们提供了：

> 非凡的财富、舒适和个人自由。成为我们"头骨王国"领主的自由，独自伫立于创造的中心。这种自由有很多可取之处。当然，有各种各样的自由，而其中最宝贵的自由并不会在充斥着胜利、成就和炫耀的外部世界中被讨论。真正重要的自由涉及关注、意识、纪律和努力，并且能够真正地关心他人，在无数琐碎不起眼的日常中不断为他人做出牺牲。

美好生活的引擎

高中老师利奥·德马科有 4 个孩子。其中 3 人继续参与了这项研究。2016 年，他的女儿凯瑟琳到我们的办公室接受采访，并进行了一系列关于身体健康和应对情感挑战的方式的评估。在这些通常耗时半天的访谈中，我们请参与者分享他们生活中的困难或"低谷"时刻。无论是从人类的角度还是从科学研究的角度来看，这些经历都很有启发性，因为情绪低落往往是后天形成的，也给了我们一些关于人们如何应对困难的启示。

当我们请凯瑟琳分享一个低谷时刻时，她写下了以下经历："当我和丈夫第一次尝试成为父母时，我在相对较短的时间内流产了4次。这可能是我有生以来第一次感觉事情超出了我的控制范围。俗话说，从失败中学到的东西比从成功中学到的更多，我正是在回首这段时期时明白了这一点。它考验了我和我的丈夫，我记得在那时我才意识到，我们需要像一对夫妻那样保持同频，这样组建一个家庭的愿望才不会占据我们生活的全部重心。那段时光给我们带来了很多悲伤。但当我回忆这段时光，也正是在情况变得艰难的时候，我们才学会了真正成为一个'团队'。我们有意识地选择不让尝试有孩子的经历占据我们的生活。我们选择了对方作为伴侣，无论有没有孩子，我们都需要相互照顾。"

人际关系不仅仅是通往其他事情的基石，也不仅仅是通向健康和幸福的有效途径，它本身就是目的。凯瑟琳想要个孩子，但她明白，无论他们是否实现了为人父母的目标，经营自己的婚姻都是至关重要的。尽管我们作为科学家试图量化人际关系对我们的影响，但它充满了丰富的、不断变化的瞬间体验，这是它们应对重复物质生活的一部分良方。他人总是有些难以捉摸和神秘，这让人际关系变得有趣并且值得密切关注，而不是仅考虑其直接效用。哲学家汉娜·阿伦特（Hannah Arendt）写道："爱的本质是超凡脱俗的。"

由于人际关系在我们日常生活中的中心地位，它是生活拼图中强大而实用的一部分。这种实用价值在现代社会被低估了。人际关系是我们生活的基础，是我们做任何事、成为任何人的内在基础。即使像收入和成就这样乍一看似乎与人际关系无关的东西，实际上也很难与它分离。如果周围没有人欣赏我们的成就，那成就又有何意义？如果没有人可以与我们分享收入，没有社会环境赋予它意义，那收入又有何意义？

正如约翰·马斯登所相信的那样，美好生活的引擎不是自我，而是我们与他人的联结，一如利奥·德马科的生活所展示的那样。引擎的运转是从我们的祖先起就在体内传承下来的那些感觉，从最大的心碎到微妙的情谊，从失去的悲伤到浪漫爱情的欢欣，或者正如乔·卡巴金（John Kabat-Zinn）借用《希腊人佐巴》（*Zorba the Greek*）中的一句台词所说的"完全的灾难"。美好生活正是发生在这些实时的、瞬间的联结体验中。

你现在可能在想：好的，当然，但是该怎么做呢？我怎样才能让我的人际关系变得更好？我总不能打个响指就让它变好吧！变化会是什么样子？我从哪里开始好呢？

改变你的生活——尤其是你的日常生活习惯——是具有挑战性的。我们中的许多人一开始都怀着改善生活的美好愿望，但最终倾覆于我们旧日的思维习惯和我们所生活的文化势力。当面对生活的复杂性时，人们很容易说：我试过了，但我就是弄不明白。那就顺其自然吧。

我们经常在临床实践中看到这样的情况。当一个人一生中的大部分时间都在朝着一个方向前进，而这条道路感觉不够充实时，他们会发现很难接受存在另一条不同的、富有成效的道路的可能性。

凯瑟琳的处境是很容易恶化的，但她能够认识到什么是她无法控制的（是否能怀孕到足月），以及她能控制的是什么（如何经营与丈夫的关系）。在他们生命的这个考验中，他们能够保持亲密和包容的关系。幸运的是，凯瑟琳最终怀孕并生下了一个儿子，她称这个儿子为她的"奇迹宝宝"。但即使在最终结果出来之前，凯瑟琳也已经赢下了一场重要的战斗。她直面了一个艰难的挑战，做出了明智的应对选择，并将注意力转移到经营受影响最大却能帮助她渡过难关的关系上。

哈佛研究和许多其他研究都告诉我们，每种生活都有艰难曲折，重要的是我们所做的选择。这些研究表明，在生活的每个阶段、每种情况下，都有充分的可能性来改善情绪健康状况。

接下来的章节包含了大量的研究和故事，我们希望，特别是在这些个人故事中，你会看到你自己和你关心的人的影子，也希望接下来的关于错误和救赎的故事、关于分离和爱的故事，会鼓励你反思自己生活中的相似之处，思考对你有利的地方，以及你可能想要改进的地方。我们每个人都有一个可借鉴的经验宝库，它能够为我们指明通往幸福的方向。

我们从一个宽广的视角出发，一种类似于人类寿命的卫星视角。在这张视图上准确定位将有助于你开启你的人生旅程。因为在你到达目的地之前，你首先必须知道你在哪里。

3

曲折人生路上的人际关系

我们常常在躲避命运的路上与命运不期而遇。

——让·德·拉封丹

哈佛研究问卷（1975）

问：你能告诉我们50岁以后你遇到的那些在你年轻的时候似乎不那么重要的生活问题吗？你是如何尝试掌控这些问题的？

当韦斯·特拉弗斯快60岁时，他发现自己陷入了反思。回顾他的生活，他试图将过去的经历与现在的他联系起来。他是怎么来到这个地方的？哪些事件是关键？有件事一直在他脑海中浮现，尽管他对这件事只有微弱的记忆：7岁时，他的父亲收拾了一个小包，走出了他们位于波士顿西区3层公寓的家门，再也没有回来。韦斯和他的母亲以及3个兄弟姐妹对于没有父亲他们将如何谋生一无所知，但他们也感到了某种解脱。当孩子们蹒跚学步时，他们的父亲温柔而细心。但随着他们的成长，他变得暴躁易怒，经常粗暴地殴打年龄较大的孩子，有时打到他们流血，他常在半夜醉醺醺地回家，对韦斯的母亲不忠。他离开后，家里迎来了新的平静。但孩子们也面临着一系列新的挣扎和经济负担，他们过早地陷入了成年人的担忧之中。父亲的缺席影响了韦斯成长过程中的一切。

"我想知道如果他留在我们身边，我的生活会是什么样子，"韦斯后来告诉研究者，"我不知道情况是会更好还是更糟，但我总会想。"

哈佛研究人员在韦斯14岁时遇到他，当时他的生活正面临一连串的挑战。他的身体有点佝偻，并且患有斜视导致他的一只眼睛目光游移。由于害羞且很难把自己的想法用语言表达出来，他很难准确地告诉研究人员他的生活到底是什么样的，但他努力描述了自己的基本情况。上学对他来说很难。他不能集中注意力，成天做白日梦，几乎每门课成绩都很差。当被问到他的人生抱负是什么，韦斯说："当厨师。"

就像大多数那个年龄段的人（或者实际上是任何年龄段的人）一样，韦斯很难看到他当时经历之外的东西。他被眼前的麻烦压得喘不过气来，对自己的未来也没有任何计划和希望，不过他还没有决定要走哪条路。如果我们现在能回到过去，向十几岁的他展示他的未来，他一定会对他后来的生活感到惊讶。正如我们所看到的，他的未来完全不像他预期的那样。

地图和领土

跨越一生的纵向研究的优势在于，它可以绘制一个人的完整人生之路。这使得所有事件和挑战都可以在它们发生的前后背景中被看见。我们可以兼顾其左右环境，追踪结局，路过山丘和山谷，去了解更长的人生旅程。不只是知道发生了什么，还能知道一件事情是如何以及为何导致另一件事情的。这类记录有种故事性的特点。在阅读这些记录时，很难不被参与者触动。这理应如此：首先，也是最重要的，这些是活生生的人生探险记录。然而，当这些探险与成百上千的其他探险结合在一起，并被仔细地转化为一串串数字时，它们便成了科学的原材料，不仅展示出生活本身，还揭示了生活的模式和规律。

如果把你的生活时间线和其他本书读者的时间线放在一起，你就会看到一套类似于哈佛研究参与者的模式。每个人的生活都一样，在某些方面是独一无二的，但在性别、文化、种族、性取向和社会经济背景方面会出现惊人的相似之处。韦斯有一个虐待狂父亲，但于你而言，情况可能是父母婚姻关系紧张让你感到深深的焦虑，或者学习障碍导致你在学校里被欺凌和感到恐惧。这些共同的人类经历和重复的生活模式提醒我们，无论我们在当下的挣扎和挑战中感到多么孤独，都有其他人在过去经历过类似的事情，也有其他人在此时此刻正在经历。通过这种方式，表面上没有感情的科学材料可以产生一种非常触动人的效果：它可以提醒我们，我们并不孤独。

当然，我们共有的另一件事是我们的生活，甚至是我们自己在不断变化的本质。通常，这些变化是缓慢的，以至于我们看不到它们。我们会感到自己就像周围世界变化洪流中一块不变的岩石。但这种感知是错误的。我们永远都在从现在的样子变成未来的样子的过程中。

在这一章，我们将鸟瞰这些生活模式，以及那条曲折的变化之路。退后一步，从大处着眼，可以看清我们经历的方方面面——我们正在如何改变，我们可以期待什么——以及其他人正在经历什么。20岁时的生活看起来与50岁或80岁时显然不同。"屁股决定脑袋"这句古老的格言很贴切，我们如何看待世界取决于我们的视角。

这是我们作为治疗师和研究者在了解他人时迈出的第一步，也是最基本的一步。如果我们和35岁的人坐在一起，我们可以很好地猜测他们已经经历了哪些曲折，前路上可能还会有哪些。诚然，没有人能完全符合这一模式，生活比模式有趣太多了。但是，通过考虑一个人的人生阶段，我们可以快速启动理解他们经历的加工过程。同样的方法适用于你生活中遇到的任何人，甚至对你自己也是如此。知道你并不孤单，知道许多人都面临着可以预见的挑战，这会让生活变得稍微轻松一点儿。

当我们问研究参与者，他们认为参与一项长达80多年的研究最有价值的是什么，他们中的许多人都说，这给了他们定期评估自己生活的机会。韦斯是这些参与者之一。他不止一次提到，花一些时间反思自己的感受和生活，有助于他更珍视自己已经拥有的，看清自己想要的。好消息是，现在你不需要参加研究项目就能做到这一点。只需要一点儿努力和一点儿自我反省。我们希望这一章能为你指明方向。

你自己的迷你哈佛研究

如果曾看过父母年轻时的照片，你就会知道那种令人吃惊的感觉。他们看起来像是我们可能在路上遇到的人，而不是养育我们的父母。照片里的他们往往看起来负担更轻，更轻松舒适，和现在不太一样。看我们自己年轻时的照片可能会更令人吃惊。当我们面对身体的变化、放弃了的梦想以及曾经珍视的信念时，我们可能会看着年轻的自己，感到一种甜蜜的怀旧，或者一种渴望艳羡的感觉。而对于其他人来说，比如韦斯，回顾年轻时的自己则会让他们想起不堪回首的悲伤和生活挑战。

这些印迹指向了我们生活中重要的方面，通过我们为生命研究基金会开发的一种简单但强大的练习，它们可以变成有用的东西。这涉及一些个人研究，但如果你愿意的话，那就来一起玩吧。

找一张只有现在一半年龄时的自己的照片。如果你不到35岁，那就找一张你刚成年时的照片。真的，你年轻时的任何一张照片都可以。不要只是想象那个时候，试着找到一张真实的照片。照片生动的真实性、地点和时间细节、你脸上的表情，所有这些都有助于唤起你的情感，使这项活动变得更有意义。

现在，仔细观察照片中的你自己。当你不再疑惑自己为什么热衷于棕色衣服，不再为自己的体重或曾经浓密的头发而惊叹之后，试着让自己回到照片拍摄时的那一刻。真正地去看：花几分钟（这很长！），只是凝视它并回忆你生命中的那个时期。那时候的你在想什么？在担心什么？对什么抱有希望？计划是什么？和谁在一起？对你来说什么是最重要的？也许最难面对的问题是：在你回想当年的自己时，你会后悔什么？

把这些问题的答案用语言表达出来会对你很有帮助。写一些笔记，想多详细就多详细。如果你身边的人好奇你正在读的这本书，可以考虑让他们也找一张自己的照片，然后和你一起做这个练习。（作为纵向研究者，我们建议，如果你有一张打印的照片，可以考虑将其用作书签，完成练习后将其与你的笔记一起留在本书中。你认识的某个人将来自己尝试练习时，或许会从中受益。这些关于我们所爱的人的过去生活和思想的记录是少见的，也是有价值的。）

追随历史的脚步，然后超越

哈佛研究绝不是第一个尝试从人类一生的经历中提取有用数据的研究。千百年来，人们一直试图通过观察生活的模式来解开人类生活的秘密，他们以各种方式分析这些模式，通常是通过将其划分为不同的阶段。

希腊人对人生阶段有不同的理解。亚里士多德描述了三个人生阶段。希波克拉底则是七个。当莎士比亚在《皆大欢喜》中著名的独白"全世界就是一个舞台"中写到"人生的七个阶段"时，他的观众可能已经熟悉了人生有不同阶段的这个概念，虽然莎士比亚本人可能是在文法学校里学的。

伊斯兰教义也提到了存在的七个阶段。佛教教义用放牛的比喻说明了开悟道路上的十个阶段。印度教则将人生分为四个阶段，或称四个阿什拉玛：学生阶段，了解世界；家庭成员阶段，寻求职业发展并照顾自己的家人；退休者阶段，远离家庭生活的琐事与责任；苦行者阶段，致力于追求更高层次的灵性。

科学界对人类的生理和心理发展阶段有自己的观点。但在很长一段时间里，科学家们几乎完全专注于儿童早期发展。直到最近，心理学教科书中也只有很短的一部分是关于成人发展的内容。人们普遍认为，一旦成年，这个人就完全定型了，唯一关键的变化是身体和精神上的衰退。

20世纪60年代和70年代，这种观点开始改变。1972—2004年担任哈佛研究主任的乔治·韦兰特（George Vaillant）和许多科学家一样，开始将成年期视为一个包含重要变化和机遇的时期——看了哈佛研究的纵向数据，很难不支持这种观点。还有一些关于人脑"可塑性"的新发现也表明，脑容量的减少和脑功能的衰退并不是成年人随着年龄增长而经历的唯一变化，其他积极的变化也会贯穿人的一生。

简而言之，最新的科学表明，无论你在人生的哪个阶段，你都在改变，并非都是变得更糟，积极的改变也是可能的。

时机决定一切

我们发现有两个观点对理解生命周期特别有帮助。第一个观点是爱利克·埃里克森（Erik Erikson）和琼·埃里克森（Joan Erikson）提出的发展阶段理论，他们将人的发展定义为随着年龄的增长所有人都会面临的一系列关键性挑战。第二个是伯尼丝·纽加滕（Bernice Neugarten）提出的"社会时钟"理论，强调围绕我们人生大事的时间点上的社会和文化期望。

埃里克森夫妇根据认知、生物、社会和心理挑战划分了人生阶段，他们将这些阶段定义为危机；我们要么成功应对特定挑战，要么失败。在人生的每个阶段，我们都会遇到至少一个，而且往往不止一个挑战。例如，在成年初期，我们面临着建立亲密关系或变得孤独的挑战。在这段时间里，我们发现自己在问：我是会找到爱的人，还是会孑然一身？人到中年，我们面临着建立生成感或保持停滞感的冲突：我是会有创造力，为关心下一代的发展做出贡献，还是会陷入自我关注的窠臼？几十年来，心理学家和治疗师一直在借助"埃里克森"阶段，将生活中的障碍放在一个有用的语境下。

另一位研究成年人如何变化的先驱伯尼丝·纽加滕有不同的看法。纽加滕认为，社会和文化在很大程度上塑造了发展，不应完全用"发展时钟"来定义生活。我们的成长背景和受到的影响（朋友、新闻、社交媒体、电影等）形成了一个非正式的"社会时钟"或事件日程表，设定了我们人生中的特定时间应该发生的事件。社会时钟随着文化和世代的变化而不同。每个关键事件，例如离开童年的家、进入一段承诺的长期关系、有了孩子等，都有对应的文化价值和在时间轴上的位置，我们根据"是否认为自己满足了社会期望"将这些重要事件体验判断为"准时"或"不准时"。许多认为自己是性少数群体的人体验到了"不准时"，因为被用作标记的事件反映的是传统异性恋的生活方式。纽加滕说，在重要的方面，她自己都是"不准时"的，她结婚早，职业生涯起步晚。在她的理论中，"准时"事件帮助我们感觉生活在正轨上，而"不准时"事件让我们担心自己脱轨；我们的担心不是因为"不准时"事件本身的压力，而是因为它们不符合别人（和我们自己）的期望。

这两个观点——生活是一系列的挑战，以及事件在文化重要性和时机上差异——在很大程度上解释了我们对自己的感觉，以及我们在生活中的不同阶段是如何与世界互动的。

但还有另一种方式来看待这条曲折的生活之路：通过我们人际关系的视角。因为人类生活本质上是社会性的，当重大变化深刻地影响我们时，我们的人际关系通常是变化的核心因素。当一个十几岁的孩子离家时，是什么让他产生了最强烈的感受：是去一个新地方生活，还是结交新的朋友以独立于父母？当两个人结婚时，是仪式、事件还是关系改变了他们的生活？当我们随着时间的推移而发展和改变时，正是我们的人际关系最能反映出我们到底是谁，以及我们在人生道路上走了多远。

美好的生活需要成长和改变。这种变化并不是随着年龄的增长而自动发生的。我们所经历的、我们所忍受的，以及我们所做的，都会影响我们的成长轨迹。人际关系是这一成长过程中的核心角色。其他人挑战并丰富了我们的人生。新的关系带来了新的期望、新的麻烦、新的需要攀登的山峰，而我们往往还没有"准备好"。例如，很少有人能完全做好为人父母的准备，但成为父母并对一个小生命负责，会让我们大多数人不得不去好好准备。它推动着我们。不知何故，我们做到了我们必须做的事情。在这一段又一段的关系过程中，我们改变了，我们成长了。

下面是这些人生阶段的简短路线图——通过使其如是的人际关

系来看。与关于人类生命周期的大量文献相比，这就像是在餐巾纸上绘制的地图。你可能会在接下来的内容中认识自己和自己的一些挑战，而有一些可能根本不适用，这对每个人来说都是如此。但即使你不是在每个阶段都看到了自己，你也可能在其中看到你认识和爱的人。

成年期人际关系发展阶段：迷你路线图
青春期（12—19岁）：走钢丝

让我们从那个臭名昭著的人生阶段——青少年时期开始吧。这是一个快速成长的时期，但也是一个充满矛盾和困惑的时期。青少年步入成年的过程充满紧张。如果我们的生活中有青少年，他们从童年到成年的道路看起来似乎很危险——对他们和我们来说都是。理查德·布罗姆菲尔德（Richard Bromfield）在描述青少年为父母和周围的人系上"绷紧的弦"时，捕捉到了如何关爱青少年的感觉。青少年需要我们：

抱持，但不要当宝；

欣赏，但不要浮夸；

引导，但不要控制；

放松，但不要放弃。

无论这个时期对他们周围的人来说可能会感到多么不稳定，对青少年自己来说，他们只会感到更不稳定。在他们迈向成年的过程中，他们需要完成一些重大任务，其中最重要的是弄清楚自己的身份。这包括尝试新的关系类型和改变现有的关系，有时甚至是戏剧性的。通过与他人的接触，青少年形成了对自己、对世界和对他人的新看法。

从内心来看，青春期既令人兴奋，又令人恐惧。太多的可能性让青少年发现自己面临着深刻的问题，焦虑也随之而来：

- 我要成为什么样的人？我想成为谁，我不想成为谁？
- 我应该如何过我的生活？
- 我为自己和自己正在成为的人感到自豪吗？我应该在多大程度上努力成为我尊敬的人？
- 我能在这个世界上走自己的路吗，或者我会一直依赖别人的支持？
- 我怎么知道我的朋友是否真的喜欢我？我能指望他们支持我吗？
- 我有强烈的性和浪漫的感觉，这让我疯狂。我该如何应对这种新的亲密感和吸引力呢？

在青春期的某个时候，父母的形象通常会跌落神坛，变成普通的（有时是无聊的）成年人。这会导致榜样缺失。父母的支持仍然是必要的（食物、交通、金钱），但真正重要的是友情，它令人兴奋，即使有时不稳定，并可能涉及新的联系和亲密水平。问题在于："我是谁？"青少年经常发现他们在一起时发现了自己是谁，他们一起尝试新的存在方式，包括从服装风格到政治信仰再到性别认同的一切。对于许多人来说，再也没有像我们十几岁时那样需要亲密的朋友了。

从外面看，青春期看起来就是矛盾综合体。对于中年父母来说，它可能像身体掠夺的入侵者——这个曾经可爱和崇拜自己的孩子现在变成了一个喜怒无常的青少年，他时而孩子气和黏人，时而又倨傲得无所不知。安东尼·沃尔夫（Anthony Wolf）的育儿畅销书标题巧妙总结了这一时期父母的观点：滚出我的生活，但你能先开车送我和谢丽尔去购物中心吗？在自己的孩子身上看到这种转变的祖父母可能会有不同的观点。对他们来说，这个青少年可能代表着这个世界的快乐未来，而他不断变化的自我意识似乎是成长的必经之路。

所有这些观点都是有道理的。就像长途旅行中的风景变化一样，当你放眼世界时，你所看到的取决于你所处的人生阶段。考虑到别人的人生阶段，并将其铭记于心，这是一项我们可以学习的技能。这需要一些想象力和一些努力，特别是在面对挫折的时候。但它可以帮助我们减少抱怨、批评和希望其改变的时间，而花更多的时间建立和培养关系。

如果你是青少年的父母、祖父母、导师、老师、教练或榜样，你可能会问：我如何才能最好地支持他们，即使他们似乎想要的是独立？我们能做些什么来帮助他们走出这段时期，然后变得更强大，为成年生活做好准备？我自己怎么能挺过他们的青春期呢？

首先，不要被青少年虚张声势的信号和自给自足的说法所迷惑。青少年需要你。一些青少年会表现黏人，但另一些人可能会坚持认为他们不需要任何人。是的，他们会这样做。事实上，青少年在青春期与成年人的关系可能比在生命中的任何其他阶段都更加关键。研究告诉我们，青少年在变得更加自主的同时仍然与父母保持联系是有好处的。

学生会研究中的一名参与者在成年后回首往事，更清楚地看到她青少年时期的情感困惑。在她自己成为 4 个孩子的母亲后，她对母亲的看法发生了变化，并告诉研究人员："马克·吐温有一个笑话，讲的是他的父亲在他 15~20 岁之间学到了多少东西。我和我母亲就是这样。但变化发生在我自己身上，而不是她身上。在很长一段时间里，我都是这么想的。当母亲在我身边的时候，我非常焦虑，我想主要是因为我害怕她会为我而活，而不是让我做我自己。现在我才意识到她是多么了不起。"

在场很重要。在当今饱和的媒体环境中，与青少年互动的成年人以及文化人物为"生活是什么"以及"它可以是什么"提供了榜样。因此，有面对面、实时的榜样是极其重要的。生活可能越来越多地发生在网上（在第 5 章中有更多关于这一点的讨论），但物理存在仍然非常重要。青少年对生活的想象模板在很大程度上受到同龄人、老师、教练、父母、朋友的父母（一群被忽视的榜样）的影响，还有——就像韦斯·特拉弗斯的例子——哥哥姐姐的影响。

哥哥姐姐的支持

父亲离开 7 年后，韦斯·特拉弗斯在 14 岁时参加了哈佛研究。当被问及孩子的父亲不再与他们一起生活对他们的生活产生了什么影响时，韦斯的母亲说：孩子的父亲对他们中的任何一个都不感兴趣，并且这种感觉是相互的。虽然他的缺席给家庭带来了物质上的压力，但也使家庭联系更加紧密。现在，孩子们代替父亲相互照顾，每个人都为家庭收入做出贡献——平均每人每周 13.68 美元——有时还会额外凑钱给兄弟姐妹中的一个买一双必要的鞋子、一件外套或一个书包。作为最小的孩子，韦斯有点温顺，他一直受到其他人的照顾，不必去找工作。他们想让他去上学。通过这种方式，他们记住了自己所处的人生阶段——记住了他们早年不得不去工作的感受。他们试图让韦斯有机会拥有更长的童年。他的姐姐维奥莱特做了保姆,给韦斯零花钱,让他自由使用。每年他都期待着参加夏令营,他的哥哥姐姐们都存钱来支付他夏令营的费用。他告诉研究者,这就是让他远离失足的原因,因为在他认识的男孩中,夏天住在波士顿意味着陷入麻烦,简单明了。他尊敬他的哥哥,他哥哥是一个勤奋的工人,韦斯说,他"在家里不骂人",并为他树立了一个好榜样。在 1945 年研究者与这一家庭的第一次访谈中,一位研究人员的手写笔记记录了韦斯在特拉弗斯家的特殊地位:"姐姐维奥莱特说,当韦斯有一天意外地从营地回家时,她的眼睛里噙满了泪水,她是如此高兴。"

但韦斯的哥哥姐姐不能永远保护他。当他 15 岁时,也就是研究人员第一次拜访他的一年后,他不得不从高中辍学,以帮忙养家糊口。在接下来的四年里,他在不同的餐馆当洗碗工和服务员,没有稳定的和他同龄的朋友,大部分空闲时间都在家里度过。他想出人头地,但在真正开始之前,他的追求就被改变了。后来,他对研究人员说:"那是艰难的几年。我觉得自己一无是处。"

韦斯从一个有点庇护的孩子一头扎进了成年人的责任中,长时间工作,几乎没有娱乐活动。这意味着他被剥夺了许多关键的青春期发展经历。他不得不在一份卑微的工作中艰难度日,就像许多处于充满挑战环境中的孩子一样,他不得不放弃一些发展任务——比如结交亲密的朋友,弄清楚自己的身份,以及学习如何以更亲密的方式与他人联系。他的自我价值感很低,生活给他提供的探索自我的机会很少。

然后,在他 19 岁的时候,美国加入了朝鲜战争。不确定他的生活会变成什么样子，在波士顿看不到自己的未来，韦斯做了一件哈佛研究中的许多人都做过的事情：他参军了。这既是他走出青春期的一种方式，也是与其他同龄人建立友谊的一种方式——对韦斯来说，这是一种新的经历。这给了他更多的机会去探索新的角色，思考他想要从生活中得到什么。在经历了一段似乎永无止境的辛劳之后，韦斯进入了一个新的发展时期——他的青年时期。

青年时期（20—40 岁）：编织自己的安全网

佩吉·基恩，第二批研究参与者，53 岁。

"我 26 岁，和地球上最好的男人之一订婚了。我感觉自己完全被崇拜和爱着。随着婚期临近，我感到恐慌，并且从内心深处知道我不应该结婚。事实是，我知道自己是同性恋。这些计划和我对现实的恐惧阻止了我说出实话。婚礼一结束，我很快就开始找碴了。我找理由把责任推到我丈夫身上，找理由解释这段婚姻为什么会失败。短短几个月我们就离婚了。整个事件都是一个人生低谷，不是因为我的同性恋身份，而是因为我给这个不可思议的男人带来了巨大的痛苦。我让我的家人如此悲伤，我感到非常难堪。再说一次，不是因为我是同性恋，而是因为我没有尽快弄清楚我是谁，因为我给两个家庭和这么多朋友带来了悲伤，他们支持我们的婚姻，远道而来庆祝这场婚礼。"

对于刚成年没多久的佩吉来说，这是一次孤独的经历。她的父母，亨利和罗莎，我们在第 1 章中提到过，他们都是虔诚的天主教徒，这件事使她和他们的关系紧张到了极点。她感到迷失和孤独。

如果青春期时我们第一次开始问我是谁，那么青年时期就是这个问题的潜在答案真正受到检验的时候。我们通常会变得更加独立于原生家庭，这意味着要建立新的纽带来填补这一空白。工作和经济独立成为核心，我们在平衡工作和生活方面养成的习惯会伴随我们的余生。将所有这些结合在一起的是对亲密依恋关系的渴望和需求，这种依恋不仅关于浪漫，也关于与我们知道自己可以依靠的人分享生活和责任。

从外表上看，在他们的家庭成员看来年轻人似乎与家庭关系分离了，因为他们专注于工作，寻求浪漫伴侣以及自己的家庭建立情感上的亲密关系。父母可能会在这个阶段远远看着他们的孩子，并将年轻人的这种新的关注误认为是对父母缺乏关爱或自私。老年人可能会嫉妒地看着年轻人，甚至会有一点遗憾，因为年轻人压力太大，看不到他们所拥有的时间和选择上的美好和可能性。正如俗语所说，青春浪费在年轻人身上。

从内心来看，青年期可能会引发焦虑，因为我们要对自己负责，同时我们的人生道路也不确定。年轻人也会体验到强烈的孤独感。对于一个努力寻找有意义的工作、寻找朋友以及与更大的社群从而建立关系或寻找爱情的年轻人来说，看到别人在这些努力中取得成功可能是痛苦的。

年轻人经常问自己这样的问题：

- 我是谁？
- 我有能力做我想做的事吗？
- 我走在正确的道路上吗？
- 我代表什么？
- 我会找到合适的人去爱吗？会有人爱我吗？

青年时期的两大兴奋源——变得更加自给自足和出人头地，当然也可能成为陷阱。完成个人目标或职业里程碑当然会让人充满活力并建立信心，但也很容易使人过度沉迷于追求成就，以至于同样活跃的人际关系会被搁置一旁。

自给自足的驱动力可能会变成社会孤立。亲密的友谊在青年期真的很重要。即使只有一个理解我们正在经历的事情的好朋友，一个我们可以倾诉的人，一个可以帮助我们发泄怒气的人，也会对我们的生活产生很大的影响。家庭仍然很重要，尽管世界各地的年轻人与原生家庭的关系存在很大差异。在亚洲和拉丁美洲的许多国家，年轻人通常会继续与父母生活在一起直到结婚，甚至婚后也如此。相比之下，美国的年轻人往往会生活在远离原生家庭数百或数千千米的地方。身体上的分离不一定是消极的，但与父母和兄弟姐妹保持情感联系可以缓和青年时期的考验，让我们有信心去冒险。

最后，浪漫关系和有承诺的亲密关系给了我们一种新的家的感觉，并提供了一个重要的倾诉和信任的港湾。

韦斯的得与失

当一位哈佛研究人员试图联系20多岁的韦斯时，却哪里也找不到他。当这项研究找到他的母亲时，她告诉研究人员，在朝鲜战争中服役后，韦斯被招募到某个政府组织工作，目前居住在海外。研究人员起初是怀疑的。

他在实地考察笔记中写道："母亲声称韦斯在海外为政府工作。""很难知道这是韦斯为了掩盖他的缺席而编造的，还是他真的在为政府工作。我猜是前者。"

事实上，韦斯在战争中服役后受雇于美国政府，帮助训练外国军队，并在从西欧到拉丁美洲的世界多地工作。他在 29 岁时从这一工作岗位归来，并以一种完全不同的视角看待生活、文化和整个世界。据他的姐姐所说，韦斯在这段工作期间"省下了每一分钱"，幸运的是，当他回到美国时，他获得了一些军人福利，几乎没有经济压力。他为母亲买了房，让她得以从一直住的旧公寓里搬了出来。

韦斯在修缮房屋方面手巧能干，所以他开始帮助朋友和邻居做各种维修，多赚一点儿钱。

他当时单身，没有特别的约会对象，他告诉研究人员，他并不打算结婚。对于许多青年人来说，这是一个转折点：我想把自己交给另一个人吗？我准备好了吗？我们从后来的记录中得知，韦斯对亲密承诺感到紧张。他想到了父母艰难的婚姻，也目睹了哥哥姐姐们的婚姻遭遇严峻挑战，所以他有意识地决定避免浪漫的依恋。他花了大部分时间来修缮他为母亲买的房子。

韦斯经历了一个充满挑战的青春期，但他现在步入正轨。他在很小的时候就被迫承担起成年人的责任，为了逃避而去参军，20多岁的时候完全生活在其他国家。现在他回来了，在某种程度上，他正在应对他从未完全面对过的青春期和青年期的挑战。他追求一些东西，看看它们是否会让他感兴趣：有些感兴趣，有些则不感兴趣。他加入了一支垒球队、一个木工俱乐部，并结识了新朋友。在旁观者看来，他肯定处于"不准时"状态，似乎对自己的人生道路并不确定。但他以自己的方式承担着重要的发展任务和挑战。他按照自己的节奏生活。

发展失败

正如韦斯的案例所示，青春期的挑战不一定会在某个年龄结束。

仅仅因为你年满18岁、25岁甚至30岁，并不意味着你已经完成了与青春期相关的发展任务，也不意味着你现在已经完成了向成年的过渡。在这个世界上闯出自己的路的努力仍在继续，但一些重要的情感或职业的发展可能会因其他更重要的事而被推迟。这个时机对每个人来说都有一点不同，随着社会的变化，青年时期的道路变得越来越多样化——有各种可能性，也有各种危险。

在现代，尤其是在相对富裕的社会，有一种延长的青春期通常会持续到20多岁。杰弗里·阿内特（Jeffrey Arnett）将这一时期称为"成年初期"，在这一时期，年轻人可能仍在很大程度上依赖父母，四处寻找自己在世界上的位置。在此期间，一些年轻人的发展似乎停滞不前，因为他们从不在父母的羽翼下冒险走得太远。

通往负责任的成年人的道路已经变得非常复杂，要走好并不容易。

在西班牙，有一群住在家里的年轻人被称为"NiNis"（ni estudia, ni trabaja：他们不学习，他们不工作）。在英国和其他国家，对这些人有一个真正的公共政策定义：啃老族（NEETs，不学习、不就业，或不参加培训）。

在日本，有一种更令人担忧的"蛰居族"（hikikomori，大致可以翻译为"向内拉"或"被限制"）现象。这是一个略有不同的问题，在年轻男性中比在年轻女性中更为常见，它将NiNis和NEETs的不活跃、心理和社会发展停滞、强烈的社会厌恶，以及有时对游戏或社交媒体平台的网络成瘾结合在一起。

在美国，这种现象还没有普遍到有一个流行的名字，但确实有相当多的年轻人继续与父母生活在一起，许多人正在努力寻找生活中的前进之路。2015年，年龄在18~34岁的美国成年人中有三分之一与父母住在一起，其中约四分之一，即220万年轻人，既没有上学，也没有工作。

这些年轻男女没有独立的生活，这可能会阻碍他们将自己视为有能力的成年人。对父母日益增长的依赖进一步抑制了自信的发展，这往往会对亲密关系产生戏剧性的、复杂的影响。但这并非全是他们的错。现代经济是无情的。即使是上了大学并接受了某一特定职业培训的年轻人，也可能背负着巨额债务，没有资本进入一个不需要他们的经济体，因而父母通常会提供安全网。

这主要是发达国家和富裕群体中的一种现象。相比之下，在发展中国家和发达国家的弱势群体中，儿童可能在15岁甚至更小的时候就开始工作并养家糊口，就像韦斯·特拉弗斯那样。

能力与亲密关系发展

虽然韦斯将青春期一些发展任务推迟到了青年期，但他在能力发展方面远远领先于他的同龄人。他在19岁时参军，接受艰苦的训练，获得晋升，还曾跳伞进入敌方领土。这个曾经害羞的孩子在年轻时培养了一些技能，增强了他的自信。通常谦逊和自嘲的他在34岁时一反常态地对研究者吹嘘道："你可以把我扔到世界任何地方的任何环境中，我相信我都可以生存下来，并活得很好。"当他回到美国时，他不怕尝试任何动手的任务，他自学了木工手艺，并建造了自己的房子。他用赚来的钱给母亲和姐姐买房子，这给了他一种目标感和自豪感，他在用他擅长的方式回报她们给予他的一些照顾。

总的来说，作为年轻人，我们正在试图弄清楚如何在生活的两大领域——工作和家庭——确立自己的地位。一些人设法同时发展工作和家庭两方面的能力，另一些人则在一个领域表现得更出色。

找到这种平衡是一项发展挑战，可能的解决方案因性别而异。韦斯的家庭就是一个很好的例子。退伍后，他在姐姐和母亲的关爱与支持下步入成年，有了这个基础和合适的环境，他的能力得到了发展。但在 20 世纪 50 年代和 60 年代，他的姐姐却没有得到同样的支持和鼓励。即使在 21 世纪，基于性别的规范仍然继续影响着年轻人的发展，无论是在工作还是家庭生活中。尽管有一些进步，但在许多文化中，女性仍然承担着孩子和家庭的大部分责任，这种不平衡的分工可能会减缓甚至阻碍年轻女性的发展和目标的实现，同时让男性有更大的自由追求职业发展。

虽然韦斯得到了姐姐和母亲的支持，但在青年时期他并没有什么重要的亲密关系。他在能力和控制力方面取得了很大的进步，也发展了许多随意的友谊和活跃的社交生活，然而记录显示了韦斯在浪漫关系方面的一些不情愿、不确定和孤独。他没有可以倾诉的人，没有人与之分享他的生活。尽管其他人可能觉得生活中不需要浪漫，但韦斯觉得没有浪漫关系是一项重大的空白，他不知道该怎么办。他能盖房子，但他不知道如何建立一个家庭。

中年（41—65 岁）：超越自我

1964 年哈佛研究对 43 岁的约翰·马斯登的调查问卷：

问：如果我们的问题中涉及对你最重要的事情，请在最后一页进一步指出并回答它们。

答：1. 我在变老。第一次认识到死亡的现实。

2. 我觉得我可能达不到我想要的。

3. 我不知道如何抚养孩子。我以为我做到了。

4. 工作中的紧张情绪很严重。

在人生的某个时刻，我们会意识到自己已不再年轻。我们的前一代人正在变老，我们可以在我们自己的身体里看到（并感觉到）同样过程的开始。如果我们有了孩子，当他们逐渐长大，我们在他们生活中的角色也在改变，我们会担心他们的未来如何。友谊——在青春期和青年期非常重要——可能会让位于责任。在某些方面，我们可能会为自己的成就感到自豪，对现状感到满意，但在其他方面，我们可能希望自己能以不同的方式行事。我们的生活似乎正在失去曾经拥有的一些可能性，但与此同时我们也学到了很多，我们中的许多人并不会选择回到过去。

从外部来看，中年通常看起来是稳定和可预测的。对年轻一代来说，他们甚至很无聊。对于回首过去的老年人来说，中年或许看起来是人生的壮年——智慧和活力的最佳结合。但事物总有两面性，当我们看到一个中年人有稳定的工作、日常生活、伴侣和家庭时，我们常常会想，这个人真的过得不错，一切都在控制之中。中年人经常这样看待他们的同龄人，但中年人的挣扎并不总是能被别人看到。

从内部来看，中年的感觉可能和表面看起来的不同。我们可能有稳定的工作和家庭生活，并为这些事情感到自豪，但也比以往任何时候都更有压力，被责任和担忧压得不堪重负。养育孩子、照顾年迈的父母、兼顾家庭和工作的责任，中年人往往找不到机会和有足够的精力与他人分享自己的担忧。我们中的一些人在中年找到的稳定和规律，对一个人来说是安全和保障——已经确立了自己的地位，建立了自己的生活——对另一个人来说，却可能是停滞不前。我们可能会回看我们是如何走到这一步的，并怀疑我们是否选择了正确的道路（如果……那会如何？）。当然，正如约翰·马斯登对上述问卷的回答所表明的那样，在某种程度上，我们开始从内心深处理解，我们的生命是短暂的。事实上，可能已经过半了。至少可以说，这是一个令人振奋的认识。

在我们中年的时候，经常会问这样的问题：

- 与其他人相比，我做得好吗？
- 我是在墨守成规吗？
- 我是一个好的伴侣和父母吗？我和孩子们的关系好吗？
- 我还能活多少年？
- 我过的生活有超越自我的意义吗？
- 我真正关心的人和目标是什么（以及我如何对其进行投入）？
- 我还想做什么？

最后，意识到很多时光都已过去，我们可能会环顾一下自己的目前生活，看到我们能力的局限和我们所走道路的可能结局，然后想，这就是全部吗？

简单的答案是：不，还有更多。中年是一个转折点，不仅是年轻人和老年人之间的转折点，也是我们许多人在青年时养成的以自我为中心、只关注自己的生活方式向更慷慨、更关注外界的生活方式之间的转折点。这是中年最重要和最富活力的任务：将一个人的注意力扩展到自己之外的世界。

在心理学中，将我们的关注和努力扩展到我们自己的生活之外被称为"生成性"（generativity），这是释放中年活力和兴奋感的关键。在哈佛研究的参与者中，最快乐和最满意的成年人是那些成功将"我能为自己做什么？"变成"我能为我以外的世界做些什么？"的人。

约翰·F.肯尼迪本人也是哈佛研究的参与者，他在自己的中年时期对这一点有了深刻理解。作为总统，他不仅提供政治上的指导，还提供了情感和发展方面的指导，他说过一句著名的话："不要问你的国家能为你做什么，而要问你能为你的国家做什么。"

当他们在生命的尽头被问到"你希望自己少做些什么？""你还希望自己能多做些什么？"，我们的研究参与者，无论是男性还是女性，经常会提到他们的中年，并且后悔花了这么多时间去担心，却花了这么少时间去做让他们感觉活着的事情：

"我真希望我没有浪费那么多时间。"
"我希望我没有拖延那么久。"
"我希望我没有那么多担心。"
"我希望我能有更多的时间和家人在一起。"

一位参与者打趣道："我没有做太多的事情，所以再少就什么都没有了！"其中许多答案是在参与者七八十岁回顾他们生活的时候给出的，但我们不需要等到那时才问自己如何才能最好地利用我们的时间。

人际关系是一种工具，让我们既能改善生活，又能创造出比我们的生命更长久的东西。如果我们设法以有意义的方式做到这一点，这就是全部吗？这一问题将保留到最后。

中年不惑

韦斯·特拉弗斯40岁时还没有结婚。在20世纪60年代末的波士顿，这是不寻常的，或者用伯尼丝·纽加滕的话来说，这是"不准时"。36岁时，他开始和一个叫艾米的女人约会，这个女人离了婚，有一个3岁的儿子。他帮忙抚养孩子，但他和艾米并未结婚。他们现在一起住在南区的一套公寓里。

韦斯申请加入波士顿警察局，经过几年的等待，他最终被接受了。

事实证明，这对他来说是一次非常积极的经历。他和同事相处得很好，特别适应这个环境。他现在认识波士顿各地的人，并说他自己是警队里心跳最慢的人之一，在任何紧张的情况下，他都认为自己是维和者——让每个人都保持冷静。

韦斯44岁时向艾米求婚了。

几年后，当一位研究员拜访韦斯进行访谈时，她问了韦斯关于艾米的事情，并在她的笔记上记录了他的回答。这段话值得详细引用：

特拉弗斯先生的妻子艾米今年37岁，他们于1971年结婚。她是一名浸信会教徒，大学毕业。特拉弗斯先生形容他的妻子"很棒——是一个了不起的人"，并表示他是认真对待这份感情的，绝非随意。

他描述了妻子最让他欣赏的特点："她是一个温柔而富有

同情心的人。"他说他喜欢她的一切；她的性格中有些东西他立刻就喜欢上了，而且从未消失。他说她非常同情那些不如她的人，并提到她之所以去年为他的生日买了这只特别的小猫，是这只猫的头上有一道伤疤，并且被狗袭击时失去了一只耳朵，即使她可以选择一只看起来很健康的猫，但她就是会在猫窝里拿一只有这样伤疤的猫。他说这一点他也有点像，他可能也会做同样的事情。

他想不出任何关于妻子的真正令他烦恼的事情。他说他们可能会偶尔发生口角——他真的不知道那是什么——但这是他们在一两个小时内就会解决的事情，他们之间从来没有发生过任何严重的分歧。他们从未接近分居或离婚状态。在谈到他的婚姻时，他说"一直都在变得更好。"

最后，我问他为什么等了这么久才结婚。他说："我害怕我是一个固执己见的人——害怕我可能会对她做什么不好的事。"他表示他确实对婚姻的亲密关系有一定程度的恐惧。然而，他似乎随着婚姻而成长，现在不再有这样的感觉或恐惧。

韦斯成年后一直没有一位长期伴侣，这可能在很大程度上是因为他童年时期经历了父母的不幸婚姻。这并不罕见。我们可以形成关于自己和世界的想法，但事实证明这些想法并不是真的。这花了他生命中的大部分时间，但在一位挚爱伴侣的帮助下，他克服了这种恐惧，给自己带来了惊喜，从此再也没有回头。

晚年（66 岁以上）：关心重要的人事物

在 2003 年进行的一项研究中，两组参与者——一组年龄较大，一组年龄较小——观看了两个新相机的广告。这两个广告都有同样可爱的一只鸟的图片，但广告语不同。

一个说：捕捉那些特别时刻。

另一个说：捕捉未知的世界。

参与者被要求选择他们最喜欢的广告。

年长的一组选择了关于特别时刻的广告语，而年轻的一组选择了关于未知世界的广告语。

但当研究者给另一组老年人说，"想象你会比预期多活 20 年，并且你会很健康"，那组老年人选择了关于未知世界的广告。

这项研究揭示了一个关于衰老的非常基本的事实：我们认为自己还能活多久决定了我们的优先事项。如果我们认为我们有很多时间，我们就会更多地考虑未来；如果我们认为我们的时间不多了，我们会试着珍惜现在。

在晚年，时间突然变得非常宝贵。面对我们自己会死亡的现实，我们开始问自己这样的问题：

- 我还能活多久？
- 我能保持健康多久？
- 我是不是精神上失控了？
- 我想和谁一起度过这有限的时间？
- 我的生活够好了吗？什么是有意义的？我后悔什么？

从表面上看，晚年通常被视为身体和精神衰退的时期。对于年轻人来说，老年可能看起来像一个遥远的抽象概念，一个与他们的经历如此脱节甚至无法想象出来的状态。对于中年人来说，老年人的衰老离他们更近，可能会让他们联想出自己的衰老过程。与这些衰落的观念相反，老年人的智慧往往得到深深的尊重，特别是在某些文化中。

从内部来看，老年并不是那么简单。随着死亡的临近，我们可能更关心时间，但老年人也更有能力珍惜时间。我们生活中可期待的时刻越少，它们就越有价值。过去的怨恨和成见往往会烟消云散，剩下的就是我们眼前所拥有的。雪天的美丽，我们对孩子或我们所做工作的自豪，我们珍视的关系，等等。尽管人们认为老年人脾气暴躁，但研究表明，人类在晚年最幸福，更擅长放大高兴和减小痛苦，不会被那些出错的小事困扰太多，更善于知道什么重要、什么不重要。积极体验的价值远远超过负面体验的成本，我们会优先考虑给我们带来快乐的东西。简而言之，老年人在情感上更明智了，这种智慧帮助我们发展。

但仍有一些东西需要学习，需要发展，我们的人际关系是最大化享受晚年生活的关键。

对一些人来说，最难学会的事情之一是如何给予帮助，而对另一些人来说，随着年龄的增长，如何接受帮助是更加困难的事，但这种交流是晚年发展的核心任务之一。随着年龄的增长，我们会担心自己太需要别人，也担心当真的需要别人的时候，他们会不在我们身边。这是一个合理的担忧。社会孤立是一种危险。随着工作、照看孩子和其他时间投入的减少，通常与这些活动相关的关系往往会消退或消失。好朋友和重要的家庭关系变得更加重要，应该好好珍惜。时间有限的感觉使我们所有的关系都变得更加重要：我们必须学会如何平衡死亡意识和保持对生活的投入。

坚毅的夫妇

当韦斯·特拉弗斯 79 岁时，我们的一位研究人员拜访了韦斯和艾米。下午 3 点左右，她抵达凤凰城并给韦斯打了电话。韦斯给了她非常具体的指示，告诉她如何从机场到休养社区，然后再从大门口如何到他们的复式公寓。说明甚至有点过于详细。当她开车即将到达时，她意识到他们一定知道她从机场出发的确切时间，因为他们已经为迎接她做好了准备：她可以看到他们两个站在门口向她挥手。

韦斯刚刚晨间散步回来。艾米为我们的研究人员提供了咖啡、水和新鲜出炉的蓝莓面包。

在他们手头的研究任务——抽血进行 DNA 采集和访谈之前，研究人员询问了这对夫妇关于他们儿子瑞恩的情况。

艾米停顿了一下，然后解释说他们最近经历了一场不幸：瑞恩的妻子在一年前被诊断患有脑癌，并于上一年 12 月去世，只有 43 岁。艾米和韦斯只能尽力帮忙，但瑞恩和孩子们仍在痛苦中挣扎。

韦斯说："我不由自主地想起了我的家庭成长……我父亲在我 7 岁的时候离家出走了。这改变了我们。显然，他和我们儿子的妻子莉娅完全不同——我父亲是个可怕的人。但他的离开改变了一切。我为孩子们将如何应对感到担心。做单亲父母是很难的。对我来说，我父亲的离开可能是件好事，我不知道，但对这些孩子来说……这对他们来说将是艰难的。"

转折点：穿越意外之旅

让我们在这里暂停一下，欣赏一下意想不到的东西。生命周期理论通常强调生命阶段的可预测性和逻辑性。但韦斯的生活说明了一个事实，我们许多研究参与者的生活中反复遇到这个事实，包括哈佛研究：有意想不到的事情发生是非常正常的。偶然的遭遇和不可预见的事件是一个人的生命永远不能被任何生命阶段的"系统"完全理解的一个重要原因。个人生活是一种即兴创作，其中环境和机遇决定了人生轨迹。虽然生活有一些常见的模式，但任何人从生命开始到结束都不可能没有一个意外事件将他们带向一个新的方向。甚至有研究表明，正是这些意想不到的转变，而不是任何计划，最能定义一个人的生活，并可能导致成长。扔进机器里的一把扳手可能比所有计划行动的齿轮加起来还要重要。

其中许多冲击直接来自我们的人际关系。所爱的人在身边，就像他们是我们的一部分。当我们失去他们或这些关系出了问题时，真切的感觉就像是那个人曾经在的地方有了一个物理上的空洞一样。但剧烈的变化，即使是创伤性的变化，也会带来积极成长的机会。伊夫林是我们的第二代参与者之一，她在中年时期的经历对男性和女性而言都很常见：

伊夫林，49岁：

从大学时代到30多岁，我和丈夫逐渐疏远。一天晚上，他说他有件事要告诉我：他爱上了一个出差时遇到的女人。我真的感觉天都塌了……接下来的一年，我内心十分痛苦。每天起床、上班等都要耗费大量精力……最终我们离婚了，他娶了她，而我在他第一次告诉我这件事的6年后再婚了。我没有想到这次经历的结果会是积极的，但它的确是。我的事业蒸蒸日上，我遇到了一个与我分享更充实和更令人满意的生活的男人。我知道现在我可以靠自己做得很好，我对那些经历了失去和被拒绝的人更有同情心和同理心。我不会主动选择经历这种事，但我很高兴我挺过来了。

文化甚至全球变化对生活的突然冲击可能是相似的。始于2020年的新冠大流行让许多人的生活发生了翻天覆地的变化，经济崩溃和战争也会造成同样的后果。20世纪40年代开始时，参加哈佛研究的所有男大学生都有人生计划，当时他们正在考虑结束自己的大学生涯。然后珍珠港事件发生了，每个学生的计划都落空了——89%的男大学生参加了战争，他们的生活深受影响。据报道，几乎所有的男大学生都为服役感到自豪，尽管面临挑战，许多人却认为这是他们一生中最美好、最有意义的时光之一。

这与达尼丁多学科健康与发展研究的发现相呼应，该研究对1972—1973年在新西兰出生的1037名婴儿进行纵向研究，一直持续到今天。对于许多在青春期挣扎的达尼丁参与者来说，服兵役被视为他们人生中一个重要的、积极的转折点。

对有些人来说，可能是战争；对另一些人来说，可能是20世纪60年代的动荡，或者2008年的经济危机，或者新冠大流行。对于个人来说，可能是一场悲惨的事故、一个精神健康问题、突如其来的疾病、亲人的死亡。对于韦斯来说，则是被他的父亲抛弃，被迫辍学去工作，以及许多其他事情。我们唯一可以期待的是，意想不到的事情——以及我们如何应对它——将改变我们的生活进程。用一句谚语来说，"Der mentsh trakht, un get lakht"，意思是人类一计划，上帝就发笑。

然而，意外事件并不总是具有挑战性。有些是命运的积极转折，而这些转折几乎总是与人际关系有关。我们在生活中遇到的人在很大程度上决定了我们生活的走向。如果生活是混乱的，培养良好的人际关系会增加其积极性，并使有益的相遇更有可能（在第 10 章中有更多这方面的内容）。我们生活中几乎每时每刻都可能这样：如果我没有上过那门课，我就永远不会遇到……；如果那天我没有错过公交车，我就不会遇到……

的确，我们永远无法完全掌握自己的命运。我们有一些好运气并不意味着它是我们应得的，而我们有一些坏运气也不意味着它是我们应得的。我们无法逃避生活的混乱，但我们越是培养积极的关系，我们生存的机会就越大，我们在这段坎坷的道路上生存甚至繁荣发展的机会就越大。

喝杯咖啡，回首过去

2012 年，也就是我们的研究人员来访的两年后，81 岁的韦斯端着一杯咖啡坐在厨房的桌旁，回答我们每两年一次的调查问卷（问卷纸上仍然可以看到一些浅浅的咖啡渍）。以下是他的一些回答：

问题 8：当你需要帮助时，谁是你真正可以依靠的人？请用描述的方式列出所有你认识的可以信赖的人。

答：要列出来的太多了。

问题 9：你和每个孩子的关系如何？从 1 分（消极-敌对和 / 或疏远）到 7 分（积极-热爱和 / 或亲密）。

答：7。

问题 10：给出一个最能描述你感到孤独的频率的数字。

答：从不。

问题 11：

a.你多久一次会觉得自己缺少陪伴？

答：几乎从不。

b.你是否经常感到被冷落？

答：几乎从不。

c.你多久一次会感到与他们隔绝？

答：几乎从不。

在这份问卷中他被问道：您和您的妻子一起参加的最愉快的活动是什么？韦斯·特拉弗斯——在战争中勇敢地为他的国家服务，周游世界，在没有接受过正式培训的情况下建造了自己的房子，养育了一个快乐健康的继子，每天都在他的社区做志愿者——写道："只是在一起。"

保持对生命周期的洞察力

那么，为什么要费心用这种宏观的方式来看待我们自己呢？思考整个生命的过程真的能帮助我们过好每一天吗？

可以。有时候，当只想着眼前的事情时，我们很难理解并与生活中的人建立联系。时不时地退一步，打开更广阔的视野，把我们自己和我们关心的人放在更广阔的背景下，是为我们的关系注入同理心和理解的好方法。通过记住"我们对生活的看法取决于我们在生命周期中所处的位置"，我们可以避免关系之中的挫败感，并建立更深层次的联系。

　　归根结底，这是为了对我们已经走过的道路和未来的道路建立一个基本的信念，这样我们就可以相互帮助，并为前方的艰难曲折做好准备。正如一句古老的土耳其谚语所说：有好伙伴，路就不会漫长。

4

社交健康

保持良好的人际关系

悲伤的灵魂能比细菌更快地杀死你。

——约翰·斯坦贝克《与查理同行》

哈佛研究第二代访谈（2016）

问：你父亲参与了哈佛研究。回顾他的一生，你从他身上学到了什么？

答：爸爸工作非常努力，他是一名伟大的工程师，但他很难表达自己的感受，甚至很难知道自己的感受，所以他才努力工作，因为他不知道除此该做什么。他打网球，也有朋友，但他的婚姻破裂了，他在66岁时尝试与另一个女人交往，但没有成功。在80岁去世时他仍孑然一身。我为他感到难过。我想他们这一代人都是如此。

维拉·埃丁斯，第二代参与者，55岁

心理学经常研究情感创伤的影响。但我们想谈一项特别的研究，它始于制造身体创伤。

这项研究并不像听起来那么糟糕。研究者从参与者的上臂取了一块铅笔橡皮擦大小的皮肤，这一过程被称为活检。这是一个常见的医疗环节，通常用于切除和检查一小块皮肤，但这项研究令人感兴趣的并不是切除了什么，而是留下了什么——伤口。

首席研究员贾尼斯·基科特·格拉泽（Janice Kiecolt Glaser）当时正在研究心理压力。她已经从以往研究中知道，压力会影响免疫系统。但她想知道的是，这种压力是否会影响其他身体活动，例如身体伤口的愈合。

她以两组女性为研究样本。第一组是看护阿尔茨海默病亲人的女性。第二组女性年龄与第一组大致相同（60 岁出头），但她们不用照顾阿尔茨海默病亲人。

这项研究本身非常简单。她对所有参与者进行了活检，然后观察伤口愈合。

然而，结果令人震惊。非看护者的伤口需要大约 40 天才能完全愈合，而看护者的伤口还要多 9 天才能愈合。随着生活中重要关系的慢慢消失，照顾亲人的心理压力阻碍了她们的身体愈合速度。

许多年后，当她的丈夫、最亲密的研究合作者罗纳德·格拉泽（Ronald Glaser）患上了快速恶化的阿尔茨海默病时，基科特·格拉泽发现自己也处于同样的境地。当她的内科医生在定期体检时问她感觉如何时，基科特说她感到压力很大，并谈到了她的丈夫。内科医生告诉她要照顾好自己，并提到现在已经有了看护者压力和健康的相关研究——由基科特·格拉泽自己开创的。这项科学研究已经成功地在医学领域立足，并回到了它的源头。

身心交织

毫无疑问，身心是交织在一起的。当遇到新的情绪或身体刺激时，整个身心系统都会受到影响——有时很小，有时很大——这些变化可能会产生循环效应，心理影响身体，然后身体影响心理，循环往复。

现代社会尽管在医学上比以往任何时候都更先进，却在鼓励一些不利于身心健康的习惯，比如，运动的缺乏。

五万年前，一个与部落一起生活在河流聚居地的智人，只要努力活着，就能得到他所需的体育锻炼。现在，一大批人能够在很少或根本不进行体育锻炼的情况下为自己获取食物、住所和安全保障。以前从未有如此多的人类坐着生活，我们现在所做的体力劳动几乎全是重复的，并且可能具有破坏性。我们的身体在这种环境中无法自愈——它们需要保养。如果我们这些久坐不动或做重复性体力劳动的人想要保持身体健康，就必须有意识地运动。我们必须留出时间去散步、做园艺、练瑜伽、跑步或去健身房。我们必须抵御现代生活的不健康洪流。

　　社交健康也是如此。

　　如今要经营好我们的人际关系并不容易，事实上，我们倾向于认为，一旦友谊和亲密关系建立起来，它们就能够自己照顾好自己。但就像肌肉一样，被忽视的人际关系也会萎缩。我们的社交生活是一个活的系统，供它也需要锻炼。

　　无须研究科学你就能认识到，人际关系会影响你的身体。你所要做的就是，去察觉当你确信某人在一次愉快的谈话中真的理解了你时你所感受到的那种欢欣鼓舞，或者去觉察一场争吵后的紧张悲伤，或者和伴侣发生冲突后的辗转反侧。

　　然而，想知道如何改善我们的社交健康并非易事。与称体重、照镜子或测量血压和胆固醇数值不同，评估我们的社交健康需要更持久的自我反省，更深入的观察。它要求我们从现代生活的洪流中后退一步，去评估我们的人际关系，并诚实地对待自己，告诉自己把时间花在了哪里，是否正在处理能帮助我们成长的人际关系。我们很难找到时间进行这种反思，并且它有时会让人感到不舒服，但它可以带来巨大的好处。

许多哈佛研究参与者都告诉我们，每两年填写一次问卷并定期接受采访，让他们对自己的生活和人际关系有了一个令人愉快的视角。我们要求他们真正去思考自己和他们所爱的人，这个过程对他们中的一些人有所帮助。但正如前面提到的，这种好处对他们来说是多出来的馈赠——是一种"副作用"。他们自愿参加研究，我们的主要目的是了解他们的生活。随着本章的深入，我们将帮助你开发自己的迷你哈佛研究。我们已经将我们向研究参与者提出的许多最有用的问题归纳整理成工具，你可以借助这些工具来描绘你的社交健康状况。与实际的哈佛研究不同，这些问题并不是为了收集研究信息而设计的，这里的重点是让你从自我反省中受益，就像我们的参与者一生中都在践行的那样。我们在第3章开始了这个过程，现在是一个更进一步的机会。

站在镜子前，诚实地思考你的生活现状，这是努力过上美好生活的第一步。注意和觉察你所处的境况可以帮助你过得更好。如果你对这种自我反省有所保留，这是可以理解的。我们的研究参与者并不总是热衷于填写我们的问卷，或者热衷于考虑他们生活的全局（比如之前提到亨利不愿回答有关他最大恐惧的问题）。有些人会跳过困难的问题，把整个页面留空，有些人则选择直接放弃参加某些问卷调查，还有一些人甚至在问卷的页边空白处写下了对我们提出的要求的看法。"这是什么问题啊！"是我们偶尔会收到的回应，通常来自那些不愿回顾自己生活中的困难的参与者。然而，跳过问题或整个问卷的人的经历也很重要，对于理解成年人的发展来说，这与那些渴望分享的人的经历一样重要。许多有用的数据和宝贵经验都被埋在他们生活的角落里。我们只需多费一点儿力气就能把它全部挖掘出来。

斯特林·安斯利就是这些人之一。

住在蒙大拿州的参与者

斯特林·安斯利是一个心怀希望的人。作为一名材料科学家，他在 63 岁时退休，并认为自己的未来一片光明。离开工作岗位后，他开始追求个人兴趣，学习不动产课程，跟着磁带自学意大利语。他也有一些商业想法，开始阅读创业杂志，寻找他感兴趣的想法。当被问及如何渡过难关时，他说："你要试着不受生活的困扰。你要记住你的胜利，并抱持着积极的态度。"

那是 1986 年，我们的研究前主任乔治·维兰特长途跋涉，驱车穿过落基山脉，拜访了居住在科罗拉多州、犹他州、爱达荷州以及蒙大拿州的参与者。斯特林没有返还最新的问卷，需要去跟进一下。他在蒙大拿州巴特市的一家酒店见到了乔治，并开车带他去了一家餐厅，斯特林想在那里接受访谈（他不愿在家里接受访谈）。当乔治坐在斯特林的副驾座位上，安全带在他的胸前留下了一道灰尘。"我很好奇，"他写道，"上一次有人使用它是什么时候。"

斯特林于 1944 年从哈佛大学毕业。他在第二次世界大战期间服役于美国海军，后来结婚，搬到蒙大拿州，生了 3 个孩子。在接下来的 40 年里，他断断续续地在美国西部的多家公司从事金属制造工作。现在他 64 岁，住在巴特附近一片 140 坪左右的草地上——一辆可以挂在卡车后面的拖车里。他喜欢割草，这是他主要的运动方式。他还养护了一个花园，里面种着一大片草莓，还有他所说的"你见过的最大的豌豆"。他说他住在拖车里是因为每月开支只需 35 美元，而且他对这个地方也没有太大的归属感。

严格来说，斯特林仍然是已婚的，但他的妻子住在 150 千米外的波兹曼，他们已经分居15年了，偶尔通话一次。

当被问及他们为什么没有离婚时，他说，尽管他的儿子和两个女儿都已经长大成人并且有了自己的孩子，"但我不想对孩子们这样做"。斯特林为他的孩子们感到骄傲，谈到他们时，他总是眼中带笑——大女儿开了一家装裱店，儿子是一名木匠，小女儿是意大利那不勒斯某乐团的大提琴手。他说孩子们是他生命中最重要的，但他似乎更喜欢让他与孩子们的关系在想象中蓬勃发展，实际上他很少见到孩子们。乔治指出，斯特林似乎正在用乐观的态度来驱散他的一些恐惧，避免生活中的挑战。对每一件事都抱着积极的态度，然后抛诸脑后，这让他相信没有什么是糟糕的，他很好，他很快乐，他的孩子们不需要他。

前一年，小女儿邀请他去意大利看她。他最终决定不去。"我不想成为一个负担。"他说。尽管他一直在专门为此学习意大利语。

他儿子住的地方离这里只有几个小时车程，但他们已经一年多没有见过面了。"我不去他那里，"斯特林说，"我给他打电话。"

当被问及孙子孙女时，他说："我和他们没有太多接触。"没有他，他们过得很好。

"老朋友都有谁？"

"天哪，他们中的很多人都死了，"他说，"很多人都死了。我讨厌和别人有深感情。太痛苦了。"他说他有一位来自美国东部的老朋友，但已经多年疏于联系。

"或者，有工作上的朋友吗？"

"我工作中的朋友都退休了。我们是好朋友，但他们搬走了。"他谈到他曾加入海外战争退伍军人中心，并且一度晋升为地区长官，但于1968年辞职，因为"这会消耗很多精力"。

"最后一次和姐姐说话是什么时候，她现在怎么样了？"

斯特林似乎被这个问题吓了一跳。"我姐姐？"他说，"你是说罗莎莉？"

是的，就是那个他年轻时在研究中谈到很多次的姐姐。

斯特林想了很久，然后告诉乔治，他最后一次和她通话应该是20年前了。乔治脸上露出惊讶的表情："她还会活着吗？"

斯特林尽量不去想他的人际关系，他甚至不愿意谈论它们。这是一种常见的情况。我们并不总是知道我们为什么要做或者不做一些事情，我们也可能不明白是什么让我们与生活中的人保持距离。花点儿时间"照镜子"可能会有所帮助。有时，我们内心有一种需求，那就是寻找一个声音或者一条路，帮助我们走出去。它们可能是我们从未见过的东西，也可能是我们自己从未表达过的东西。

斯特林似乎就是这种情况。当被问及晚上如何打发时间时，他说他和一位住在附近拖车里的 87 岁妇人一起看电视。每天晚上他都会走过去，他们一起看电视聊天。最后她睡着了，他会帮她盖好被子，帮她洗碗，拉好窗帘，然后再走回家。她是他最亲近的知己。

"如果她死了，我不知道该怎么办。"他说。

孤独之伤

你的孤独，它会伤害你。这并不是个比喻。它对身体有生理上的影响。孤独会使人对疼痛更加敏感，免疫系统受到抑制，大脑功能减弱，睡眠质量降低，然后使一个已经经受孤独的人更加疲惫和易怒。新近研究表明，对于老年人来说，孤独的危害程度是肥胖的两倍。而对于每个年龄段受访者来说，长期孤独都会使死亡概率增加 26%。英国的环境风险纵向双生子研究最近报告了孤独感与年轻人较差的健康状况及自我照顾之间的关系。这项正在进行的研究涵盖1994—1995年出生在英格兰和威尔士的2200多名参与者。在他们18岁时，研究人员询问他们有多孤独。那些曾经报告自己更孤独的人被预测更有可能在未来出现心理健康问题，做出危害身体健康的行为，并采取更消极的压力应对策略。此外，现代社会正涌现出一股孤独潮，这是一个严重的问题。最新的统计数据应该引起我们的注意。

一项对来自世界各地5.5万名参与者进行的在线研究显示，在所有年龄段中，每3个人中就有1个报告说他经常感到孤独。在这些人中，最孤独的群体是16~24岁的人，他们中40%的人报告说"经常或总是"感到孤独（稍后会详细介绍这一现象）。在英国，这种由孤独引发的经济成本——因为孤独的人生产力更低，更容易跳槽——估计每年超过25亿英镑，这促使英国成立了专门的孤独部。

在2020年即将到来之时，接受调查的日本成年人中有32%的人预计未来一年的大部分时间里都会感到孤独。

在美国，2018年的一项研究表明，四分之三的成年人感到中度至高度的孤独。在撰写本书时，新冠大流行的长期影响仍处在研究中，它让我们在很大程度上彼此隔绝，让许多人感到前所未有的孤独。据估计，2020年有162 000人死于由社交隔离引发的一系列因素。

缓解这种孤独潮是很困难的，因为让一个人感到孤独的东西可能不会对其他人产生影响。我们不能完全依赖于容易观测的指标，比如是否独居，因为孤独是一种主观体验。一个人可能有一个重要的伴侣和很多朋友，但仍感到孤独，而另一个人可能独自生活，有少数几个亲密联系的人，就已经觉得有很强的联结感了。生活中的客观事实不足以解释为什么一个人会孤独。无论你的种族、阶级或性别如何，这种感觉都存在于你想要的社交联系和你实际拥有的社交联系的差异之中。那么，作为一种主观体验，孤独是如何对身体造成如此大伤害的呢？

如果我们了解这个问题的生物学根源，回答起来就容易多了。正如我们在第2章中所讨论的，人类已经进化到具有社会性。鼓励社交行为的生物过程是为了保护我们，而不是伤害。当我们感到孤独时，我们的身体和大脑会做出反应，以帮助我们在这种孤独中生存下来。五万年前，孤独是危险的。如果我们前面提到的智人被独自留在河边的部落，她的身体和大脑就会进入暂时的生存模式。识别威胁的需求落在她一个人身上，压力激素增加，让她变得更警觉。如果她的家人或族人在外过夜，她需要一个人睡，她的睡眠就会浅一些。如果有掠食者靠近，她需要觉察，所以她会更容易被唤醒，晚上也会多次醒来。

如果出于某种原因，她发现自己孤身一人的状况持续一个月，而不只是一晚上，这些生理过程就会演变成一种单调的、持续的不安感，将开始对她的心理和身体健康造成损害。正如我们所说，她会感到压力过载，感到孤独。

孤独的影响至今仍在继续。孤独感是身体内响起的警报。起初，它的信号可能会帮助我们，我们需要这些信号来提醒我们注意一些问题。但想象一下，如果你家里每天警笛环绕，那么长期孤独对我们的大脑和身体有什么潜在影响就容易理解了。

孤独只是身心关系方程式中的一部分。这只是社交的冰山一角，还有更多隐匿在表面之下。大量研究揭示了健康和社会联结之间的关系，这种关系可以追溯到物种起源，当时事情要简单得多。我们的基本人际关系需求并不复杂，我们需要爱、联结和归属感。但我们现在生活在一个复杂的社会环境中，因此，如何满足这些需求成了挑战。

数字论人生

花点儿时间想想你和一个你很珍视但最近很少见面之人的关系。他不一定是你最重要的人，但只要当你和他在一起时你能感到充满活力，你也希望能更经常见到他。捋一下可能的人选（可能只有个！），在脑海中记住这个人。现在想象你们上次在一起的情景，试着在你的脑海中重现当时的感觉。你是否感到很积极，觉得自己几乎所向披靡？是否感到自己被理解？也许你会忍俊不禁，然后你生活中的不幸就没那么可怕了。

现在想想你多久见一次那个人。每天，一个月一次，一年一次？估算你一年里有多少时间和这个人在一起，把这个数字写下来收好。

对于罗伯特和马克来说，虽然每周都会通电话或视频电话，但每年只有大约 48 小时的线下见面时间。

这对未来几年会有什么影响？等到本书在美国出版时，罗伯特已经 71 岁了，马克也有 60 岁。如果罗伯特能够活到 100 岁，那么接下来的 29 年中每年有 2 天见面时间，则意味着他们有生之年还可以在一起度过 58 天。

10 585 天中的 58 天。

当然，这是乐观估计，实际数字几乎肯定会更低。

试着代入你自己珍视的人际关系来计算这个数字，或者只考虑个大概的：如果你 40 岁，你每周见这个人一次，喝杯咖啡，那就是你 80 岁前大约能与之一起度过 87 天。如果你们一个月见一次，大约是 20 天。如果一年一次，那大约 2 天。

也许这些数字听起来还算多。但相比之下，2018 年美国人平均每天花 11 个小时在与电视、广播、智能手机这些媒体互动，这一数字更令人震惊。从 40 岁到 80 岁，一个人醒着的时间总共有 18 年。对于一个 18 岁的人来说，在他们 80 岁之前，醒着的时间还有 28 年。

这种练习的目的并不是为了吓唬你。而是为了澄清一个很大程度上没有被注意到的问题：我们实际上花了多少时间和我们喜爱的人在一起。我们不需要一直和所有的好朋友在一起。事实上，有些人让我们充满活力，让我们的生活更美好，正是因为我们不经常见到他们，就像生活中的其他事情一样，达到了一个平衡。有时我们和一个人只在某一点上合拍，这就足够了。

我们中的大多数人都有为我们注入活力的亲戚和朋友，却很少和他们见面。你是否正和你最关心的人在一起？你的生活中是否有某种关系，双方能从花更多时间在一起中获益？这些资源往往已经在我们的生活中，等待着我们去发掘。对我们最珍视的关系稍作调整，就能对我们的感受以及我们对生活的看法产生影响。我们可能正坐在一座不曾注意到的活力之矿上——这种活力之源在智能手机和电视的诱人光亮下黯然失色，或者被工作需求挤到了一边。

幸福晴雨表

2008 年，我们连续 8 个晚上，每晚都给参加哈佛研究的 80 多岁的夫妇打电话。我们与他们分别交谈，并问了他们一系列关于日常生活的问题：那天的身体感觉如何，参加了什么样的活动，是否需要或得到了情感支持，以及花了多少时间与配偶和其他人在一起？

事实证明，简单衡量与他人相处的时间非常重要，因为这种测量方式建立在日常生活的基础上，显然与幸福感有关。在有更多陪伴的日子里，他们会更快乐。特别是，他们和伴侣在一起的时间越长，他们报告的幸福感就越高。所有夫妻都是如此，对那些处于满意关系中的夫妻尤其如此。

大多数老年人的身体疼痛和健康水平每天都在波动，在身体疼痛较多的日子里情绪更为低落。但我们发现，那些在更满意关系中的人情绪起伏得到了一定程度的缓解——当他们的身体感觉更差时，与处于不满意关系中的人相比，他们报告的情绪下降程度没有那么严重，幸福感保留得更多。他们幸福的婚姻保护了他们的心情，即使在他们痛苦的日子里也是如此。

这听起来可能偏直觉，但在这些发现中蕴含着一则非常简单而有力量的信息：我们与他人联系的频率和质量是幸福的两个主要预测因素。

社交观测站

斯特林·安斯利迫切回避反思任何社会关系，他相信自己在社交方面做得很好。他认为自己和孩子们的相处方式是健康的，他认为自己拒绝与很少见面的妻子离婚颇具英雄气概，他甚至为自己与人交谈的能力而自豪——这是他在工作中培养的技能。但当被要求更深入地审视自己及其人际关系时，他感到在内心深处非常孤独，他几乎不知道自己原来如此与他人隔绝。

那么，我们怎样才能更清晰地看到我们自己的社交现实呢？

从最简单的开始。首先，问问自己：我的生活中有谁？

意外的是，我们大多数人从未问过自己这个问题。但仅仅是简单列出你"社交宇宙"中心的 10 个人也是很有启发性的。试试下面的方法，你可能会惊讶于脑海中浮现的是谁、没有想到谁。

我最亲密的亲戚和朋友是谁？

_____ _____

_____ _____

_____ _____

_____ _____

_____

一些重要的关系——你的家人、恋人、亲密朋友——可能很快就会浮现在你的脑海中，但不要只想到那些你最"重要"或最成功的关系。列出日复一日、年复一年影响你的人——好的或坏的。例如，你的老板或某位同事。即使是看似无关紧要的关系也可能出现在榜单上。在编织课上、足球比赛或读书会等活动中遇到的人以及与之建立的关系对你来说可能比你想象的更重要。名单上可能还包括你真正喜欢但几乎从未见过面的人，例如一个你经常想起却已经失去联系的老朋友。它甚至可能包括那些日常寒暄的人，比如你上班路上的公交车司机，你期待见到他，他能给你的一天带来些许活力。

组织好名单，然后问自己：这些关系的特点是什么？

多年来，我们向哈佛研究的参与者提出了各种各样的问题，让他们试图回答这个更大的问题，并创建反映他们社交宇宙特征的

"图片"（实际上是数据集）。但是，洞察你自己的社交宇宙并不需要像研究那样复杂。你可以简单地思考你与每个人联系的质量和频率，并从两个常用维度来衡量你的社交宇宙：（1）这段关系让你感觉如何，（2）这种情况发生的频率有多高。

下面是一张图，你可以在这个坐标系上描绘出你的社交宇宙。你在这张图上给某人的定位应该取决于你对这段关系的感受，以及你和这个人互动的频率。它看起来是这样的：

社交宇宙示例

乍一看，这似乎过于简单了……在某种程度上，的确如此。你正在把一些非常个人化和复杂的东西扁平化，并在这个社交宇宙中给它一个静态的位置；在这个过程中，复杂性将会消失。没关系。这是捕捉决定你生活的人际关系特征的第一步。

我们所说的激励和消耗是什么意思？

这些都是主观的描述词，具有导向性，帮助你和这些人在一起时意识到自己的感受。有时候，直到我们停下来思考一段关系，我们才能真正知道我们对这段关系的感觉。

一般来说，一段激励型的关系会让你充满活力，会给你带来一种联结感和归属感，这种感觉在你们分开后依然存在，会让你比你独自一人时感觉更好。

一段消耗型的关系则会让你紧张、沮丧或焦虑，让你感到担忧，甚至意志消沉。在某种程度上，它会或多或少地让你比独自一人时更孤独。

但这并不意味着一段激励型的关系会让你一直感觉良好，也不是说一段消耗型的关系会让你一直感觉糟糕。即使是我们最重要的关系也会面临挑战，当然，更多关系是喜忧参半的。你对名单上每个人的总体直觉才是你要捕捉的东西：当你花时间和这个人在一起时，你有什么感觉？

看看这张图，想想你名单上的每个人可能会在哪里。他们让你精力充沛还是精疲力竭？你经常见到他们，还是很少见到他们？

那个你很少见面但珍视的人，可以给他一个定位。在图上画一个小圆点表示他们，就像你的社交宇宙中的一颗星星。

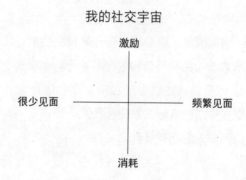

我的社交宇宙

激励

很少见面 ———————— 频繁见面

消耗

当你把这些人际关系设定在各个位置时，想想关系中的每一个人：为什么这个人会出现在这个特殊的地方？出于哪种关系你把他们放在那里？这段关系是你想要的吗？如果一段关系特别困难，让你感到疲惫不堪，你能想到是什么原因吗？

像这样检查每一段关系可以帮助我们感激那些丰富了我们生活的人，也可以帮助我们厘清哪些关系是我们想要改善的。对这些问题的回答将反映出你社会关系的数量和类型偏好。你可能会意识到，你更想经常见到这个人，他却落在图上的另一个位置，或者另一段消耗型的关系其实很重要，需要特别关注。如果你知道你想要一段关系朝哪个方向发展，就画一个箭头，从它目前所在的地方指向你想要它去的地方。

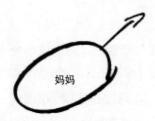

我们想要明确的是，将一段关系定义为消耗型并不意味着你要将那个人从你的生活中剔除（尽管经过深思熟虑，你可能会决定减少与他见面的次数）。相反，这可能是一个信号，表明有一些重要的事情需要你注意。这意味着这段关系还蕴含生机。

事实上，几乎所有的关系都包含着机会，我们只需要去辨别它们。例如我们过去的重要关系、我们一直忽视的积极关系，以及可能成为更好关系的困难关系。但这些机会不会永远存在下去，我们必须在还有可能的时候抓住它们。如果等待太久，我们可能会像斯特林·安斯利那样，为时已晚。

罗莎莉、哈里特和斯特林

斯特林·安斯利是这项研究中的哈佛学生之一，但他的出身并不优越。事实上，他直接被生到了他姐姐的怀里。那是 1923 年，在宾夕法尼亚州匹兹堡附近，他的姐姐罗莎莉 12 岁。她当时独自在家陪伴母亲，他们的母亲正坐在厨房的桌子上给罗莎莉上法语课，突然临盆。她们没有电话，也没有时间去叫邻居或医生。在阵阵痛苦的尖叫中，母亲成功地指导了罗莎莉每一步该做什么，使罗莎莉得以安全地帮助接生斯特林。她甚至还把脐带绑好并剪断了。罗莎莉告诉研究者："我和斯特林非常亲近。就我而言，我感觉对他负有责任。我把他当自己的孩子一样看待。"

斯特林的父亲是一名钢铁工人，他的收入只够维持一家七口的生计，但同时他也是一个赌徒。每周他都会拿自己的工资去赌博，只有一小部分能够留作家用，所以年龄较大的孩子们被迫出去工作。斯特林出生三周后，父亲把他们的母亲送进了疗养院。罗莎莉一直照顾了斯特林四个月，用奶瓶喂他。"我记得我抱着他一边哼歌一边在地板上走，"她说，"当母亲回到家时，她变了。我的父亲是文盲，但母亲是一个聪明的女人，她能和我们说三种语言，教我们如何读写英语和法语，但她回来之后就不再是原来的她了。她无法照顾斯特林。尽管她已经养育了 4 个孩子，但她已经不知道该怎么办了，所以我照顾了斯特林好几年。"

斯特林 9 岁时，他的父亲再次把母亲送到疗养院，这一次是永久性的，然后他的父亲突然搬走了，留下年幼的孩子们自己照顾自己。此时，21 岁的罗莎莉已经结婚，有了自己的孩子，她和丈夫把 3 个兄弟姐妹带回了家。她也想把斯特林带来，但家族中的一位亲戚哈里特·安斯利在最近一场事故中不幸失去了儿子，他提出要收养斯特林，把他当作自己的孩子抚养。出于经济拮据的考量，罗莎莉和她的丈夫同意了。

安斯利一家住在宾夕法尼亚州乡下的一个农场里，那里的生活方式让斯特林很不适应，但他的养父母善良、冷静，并且很支持他。他的养父严厉但公正，尽其所能地教斯特林如何经营农场。斯特林在 19 岁时谈到养母哈里特时说："她对我来说意味着世界上的一切。她一直是个很棒的母亲。我认为她对我的任何想法都非常支持。是她让我对英国文学产生了浓厚的兴趣。"

部分归功于养母和姐姐罗莎莉的鼓励，斯特林在高中成绩很好，参加了学生会主席的竞选（以失败告终），并被哈佛大学以提供奖学金录取。当斯特林 19 岁参加这项研究时，罗莎莉被问及对他的看法，她说："现在很难描述他。我认为，他有一种倾向，就是能激发出与他接触之人最好的一面。他怀揣着崇高的理想。每次和斯特林相处一日时，我都有如踏进了一所高等学府。"

罗莎莉和哈里特这两位勇敢而坚韧的女性在斯特林的生活中扮演了关键角色。尽管斯特林的生母缺席了他的生活，但她在培养罗莎莉的善良、关爱和坚毅的品质方面发挥了至关重要的作用，这使得罗莎莉在早年间能够独自抚养斯特林。尽管如此，他们的父亲仍然虐待斯特林，这是罗莎莉无法控制的，最终家庭的破裂对斯特林来说是极其艰难的境况。如果不是有接棒爱护他的这些女性，斯特林不太可能去上大学，而会在西部谋生。作为 20 世纪上半叶的劳动女性，有许多因素阻碍她们追求自己的事业，但她们尽了最大努力帮助斯特林。他在采访中多次表示，他有多么感激她们的支持和爱。

然而，他与她们两人都失去了联系。

人际关系的基本准则

我们一直在说人类是社会性生物。从本质上说，这只意味着我们每个人作为个体都不能为自己提供所需的一切。我们不能对自己倾诉，不能自己给自己浪漫，不能自己指导自己，也不能帮自己搬沙发。我们需要与他人互动，并寻求他人帮助。当我们向他人提供同样的联结和支持时，我们也会体验到幸福感。这个给予和接受的过程是有意义的人生的基础。我们对社交宇宙的感觉与我们得到和给予的东西直接相关。当研究参与者对他们的社交生活感到挫败或不满时，就像斯特林在他晚年时那样，它们通常可以追溯到某种特定支持的缺失。

以下是这项研究多年来询问参与者的、关于各种支持类型的问题。

安全和保障

如果你半夜惊醒，你会打电话给谁？

在危急时刻，你会向谁求助？

带给我们安全感的关系是组成我们关系生活的基石。如果你能在回答上述问题时列出具体的人来，那你很幸运——这些关系应该被特别培养和珍视。它们帮助我们度过压力时期，并给我们探索新体验的勇气。最重要的是我们坚信，如果出了问题，这些关系也会一直陪伴着我们。

学习和成长

是谁鼓励你去尝试新事物、去抓住机遇、去追求你的人生目标?

有足够的安全感去探索未知领域是一回事，但受到我们信任的人的鼓励或激励去探索是另一份珍贵的礼物。

情感上的亲密和信任
谁知道你的一切（或大部分事情）?
当你情绪低落的时候，你可以对谁坦诚地说出你的感受?
你可以向谁寻求建议（并相信他们所说的话）?

身份认同和共有经历
在你的生活中，有没有人和你共同经历过很多，并且帮助你加深了对你是谁、你来自哪里的认知?

儿时的朋友、兄弟姐妹、与你分享主要生活经历的人——这些关系因为陪伴我们太久了而经常被忽视，但它们特别有价值，是不可替代的。正如歌词所说：你交不到老朋友。

浪漫和亲密（爱和性）
你对生活中亲密关系的浪漫程度感到满意吗?
你对你的性关系满意吗?

浪漫是我们大多数人都渴望的东西，不仅是为了性满足，也是为了彼此触摸的亲密感，分享每天的喜怒哀乐，以及见证彼此经历的意义。对于我们中的一些人来说，浪漫的爱情是生活中必不可少的一部分；对其他人来说，情况就不太一样了。当然，婚姻不一定是浪漫亲密关系的标准。在过去的半个世纪里，在世界上许多地方，年龄在 25—50 岁的未婚人数比例急剧上升。在美国，这一比例从 1970 年的 9% 上升到 2018 年的 35%。这些数据没有告诉我们有过浪漫亲密关系的人数比例，但它们足以表明在美国，成年后保持未婚状态的人可能比以往任何时候都多。此外，一些带有承诺的伴侣关系是"开放式的"，即与伴侣之外的人在性和情感上保有亲密。

帮助（信息和实践）

如果你需要一些专业知识或帮助来解决实际问题（例如，你需要种一棵树，修复你的 Wi-Fi 连接，申请医疗保险），你会向谁求助？

娱乐和放松

谁能让你笑？

你会打电话约谁去看电影或去自驾游？

是谁让你感到轻松、亲近、自在？

下面的表格整理出了（一段关系成为）支持型关系的准则。第一列关于你认为对你影响最大的关系有哪些。如果一段关系似乎增加了你生活中的支持性，请在适当的地方标上一个加号（+）；如果一段关系缺乏这种支持性，请在适当的地方标上一个减号（−）。记住：即使不是所有关系都能（甚至大多数都不能）为你提供所有这些类型的支持，那也没关系。

我生活中的支持来源

我与……的关系	安全和保障	学习和成长	情感上的亲密和信任	身份认同和共有经历	浪漫和亲密	帮助（信息和实践）	娱乐和放松

　　把这个练习想象成 X 光———一种帮助你看清社交宇宙表象之下的工具。并非所有支持对你来说都很重要，但你需要想想哪些支持确实很重要，并问自己在这些方面是否得到了足够的支持。如果你对生活感到某种不满，看看表上的某处是否能与之呼应？也许你意识到，你有很多人可以一起玩乐，但当你需要倾诉时，却没有一个人可以倾听。反之亦然。

　　当你填写和展开此表时，你可能会看到一些空白，也会看到一些惊喜。你可能没有意识到你只能向某一个人寻求帮助，或者一个你视之为理所当然的人实际上却给了你最大的安全感，或者另一个人在重要的方面加强了你的认同感。从个人经历（以及在会议后的喝酒交谈中）我们了解到，即使是心理学和精神病学领域的专业人士，如果没有集中反思，也很难以这种方式看待自己的生活。

往前走

有时，这种反思本身就会为我们指明前进的方向，但我们即使看到想要改变的东西之后，可能仍然难以迈出第一步。

有一个科学领域专门研究人类动机——为什么我们会做出这样的决定，为什么有些人努力改变而另一些人从不改变。这种研究很受广告商欢迎，他们据此来刺激购买。而我们也可以用它来推动自己做想做的事情——比如推动我们在关系上迈出一步。事实上，我们已经在这一章在一定程度上用到了它：推动变化的关键是认识到我们所处的位置和我们想要到达的位置之间的差距。定义这两种状态创造了一种势能，帮助我们迈出艰难的第一步。这就是你已经开始使用这些关系工具所做的事情。你已经整理好了你的社交宇宙和人际关系的质量，并且已经反思了你想要改变的部分。从现在开始，实际去做的过程可能会出现混乱——尤其对于具有挑战性的关系——但潜在的回报是巨大的。我们将在接下来的章节中更多地介绍这一过程，但有几件事你可以立即去做，还有一些有用的原则需要牢记。

自上而下

首先，把注意力集中在积极的方面。这是最容易开始的地方。看一看你的社交宇宙中那些让你充满活力的关系，并思考如何巩固或发挥其优势。去表达（并展示！）你有多感激那些人，以及为什么感激。在已经给你的生活带来能量和活力的事情上加倍努力，这并不会有什么坏处。这些关系一直存在，但通常有一两个已经放缓，需要一点儿推动力才能再次全速运转。即使是良好的关系，也往往会一遍又一遍地重复同样的过程。也许是时候和他们一起尝试一些新事物了！

接下来，看看那些刚刚越过那条激励线的关系，或者可能有一点儿消耗型的关系。有没有办法可以助推这些关系，让它们更有活力？这些关系中的微小变化有时可以减轻累积起来的负担。

那些你认为是消耗型的关系可能需要更多的思考。你可能需要冒险尝试一次，联系一些你通常不会联系的人，给他们发短信、计划一次聚会，或者邀请他们参加某个活动。这可能意味着需要先处理一些"情绪大象"①，比如最近的一次争吵或刻薄的评论。（这可能需要一些额外的准备，我们将在接下来的章节中讨论如何应对分歧和情绪挑战。）

这种努力有一些具体细节。你必须真的打那个电话，计入你的日程中，腾出一个晚上的时间，然后制订计划——最好是周期性计划！

但即使是在你最积极的关系中，一些旧习惯和可能会让你们的关系变得不那么有活力的惯用互动方式，可能会重新浮出水面。以下是我们在研究和治疗中发现的一些普适性建议，它们可以有效地活跃和促进人际关系。

建议 1：慷慨的力量

在强调个人主义的西方世界，白手起家的男人或女人的传奇故事被大肆报道。我们中的许多人认为我们的身份是自己创造的，我

---

① 情绪大象：原文 emotional elephant in the room，这一概念由积极心理学家乔纳森·海特在《象与骑象人》中提出，他认为人的心理可分为两半，一半像一头桀骜不驯的大象，另一半则是理性的骑象人。这两个部分常让人们陷入思想斗争之中。

们之所以是我们自己，是因为我们以这种方式创造了自己。事实上，我们之所以成为我们自己，是因为我们与世界和其他人的关系。辐条如果不连在轮子上，就只是一块金属。即使是住在洞穴里的隐士，也是由他与他人的关系和距离而被定义的。

关系必然是互惠的系统，支持是双向的。我们得到的支持很少是因为我们提供给别人的支持也很少，有句老话说得好："你付出什么，你就得到什么。"

这种在给予别人时希望别人也用自己想要的东西作为回报的想法，是人们对关系感到无力和绝望的答案之一。我们不能直接控制别人与我们交往的方式，但我们可以控制我们与他们交往的方式。我们可能得不到某种支持，但这并不意味着我们不能慷慨给予。

研究清楚地表明：帮助别人会让自身受益。慷慨和幸福之间的关系既有神经研究的证据，也得到了实践的证明。慷慨是一种能让你的大脑产生良好感觉的方式，而这些良好的感觉反过来又会让我们在未来更有可能帮助他人。慷慨是向上的螺旋。

回顾本章前面提到的关于支持的问题，诚实地思考，现在从相反的方向回答：你是否向他人提供了这些类型的支持？如果有，是给谁？在你的生活中，有没有人是你想要支持更多的？回想一下本章前面基科特·格拉泽对看护者压力和伤口愈合关系的研究，如果你的生活中有照顾他人的人，或者生活压力很大的人，你有没有办法帮助他们，并确保他们自己得到支持？如果你是一名看护者，你得到了你需要的支持吗？当审视你的社交宇宙时，你感觉你的给予和接受是平衡的吗？

我支持的人

我与……的关系	安全和保障	学习和成长	情感上的亲密和信任	身份认同和共有经历	浪漫和亲密	帮助（信息和实践）	娱乐和放松

建议 2：学习新舞步

我们的练习塑造了我们的能力，在不经意之间我们就可能变得擅长某些事情，而这些事可能并不符合我们的兴趣。例如，斯特林·安斯利越来越熟稔地避免亲密关系以及和他人的联系。他有充分的理由：尽管他的姐姐罗莎莉在他生命的头几年和他在一起，但她无法阻止父亲的虐待；当父亲把母亲送到疗养院时他的原生家庭四分五裂；当斯特林搬到农场时，他再也不能经常见到罗莎莉了，这对他来说很痛苦。因此，他将对亲密关系的恐惧带到了他的成年生活中。除了养母，他从来没有和任何一个人建立起那种至关重要的安全感，更不用说和多个人了。他没有必要向自己说清楚，他的生活预设是：没有亲密关系，他会更快乐，或者至少会更安全。他认为，与他人亲近是一种风险。

在某种程度上，他是对的。我们最强烈的感受来自我们与他人的联结，虽然社交世界充满了快乐和意义，但它也包含了失望和痛苦。我们会被我们爱的人伤害。当他们让我们失望或离开我们时，我们感到刺痛；当他们死去时，我们感到空虚。

在人际关系中避免这些负面经历的冲动是有道理的。但如果我们想要从与他人交往中获益，我们就必须承担一定的风险。我们还必须愿意超越我们自己的担忧和恐惧。

这就引申出一个重要的问题：一个有斯特林这种创伤史的人如何才能避免让它主宰自己的生活。我们希望随着他年龄的增长，他会有良好的亲密关系经历，这将改变他根深蒂固的交往方式。这是可能的。与配偶之间建立积极、信任的关系可以让缺乏安全感的人感到更安全。但太多有斯特林这种经历的人只是从一个自我实现预言转向另一个自我实现预言，从来没有经历过不同的亲密关系。

真正的问题是：我们如何避免不断重蹈覆辙，敞开心扉接受新的体验？

建议 3：激进的好奇心

我遇到的所有人在某些方面都是我的老师，值得我学习。

拉尔夫·瓦尔多·爱默生

我们在人际关系中挣扎的原因和我们在生活中其他方面挣扎的原因一样：我们变得过于自我关注。我们担心自己做的是否正确，我们是否擅长某事，我们是否得到了我们想要的东西。就像斯特林或那个不快乐的律师约翰·马斯登一样，当我们变得过于专注自我时，我们可能会忘记别人的经历。

这是一个常见的陷阱,但它并不是不可避免的。驱使我们在书籍或电影中体验新事物的好奇心同样可以在生活中——即使最普通的时刻——告诉我们如何处理我们的关系。

在另一个人的经历中失去自我,这可能是一种真正的快乐。一开始你会感觉很奇怪,如果你不习惯的话,可能需要一些努力。好奇心——对他人经历的真实而深刻的好奇心——对重要的人际关系大有裨益。它开辟了我们从未意识到的交谈和了解的途径,它帮助其他人感到被理解和欣赏。即使是在不那么重要的关系中,这也很重要,它可以开启关怀,为新的、脆弱的关系注入力量。

也许你生活中的某个人总是和人们交谈,试试深入了解他们的故事和观点。并非巧合,这些人通常非常快乐且充满活力。正如我们在第 2 章中提到的"火车上的陌生人"实验所证明的那样,与其他人互动可以改善我们的情绪,让我们比预期的更快乐。

罗伯特想起了他的父亲,一个随时随地能与陌生人交谈的人。他对每个人都抱有非常大的好奇心。罗伯特的叔叔婶婶经常讲一个故事,说他们有一次在华盛顿和他一起上了一辆出租车,罗伯特的父亲一如既往地坐在前面,这样他就可以和司机交谈。他一边探索这个司机的人生故事一边玩起了四分之一玻璃窗,这是老式汽车的标志。他全神贯注地交谈,以至于没有意识到手中的窗户已经掉落下来。后座传来阵阵笑声,但罗伯特的父亲实在太投入了,对此根本没有察觉。他把掉落的窗户放在他旁边的座位上,开始摆弄窗户的摇杆,摇杆也掉了下来。他把摇杆也放下了,仍然不停地问问题。幸运的是,这辆车这次只开了很短的路。

这种行为对他来说是很自然的。他这样做并不一定是为了别人好,而是因为这让他感觉很好。这让他充满活力。我们中的一些人缺乏实践，以至于忘记了这种好奇的感觉，所以我们必须刻意而为。我们必须采取一种近乎激进的方法来培养我们对他人产生兴趣的种子，并大胆地超越我们一贯的交谈习惯。我们需要问自己：这个人到底是谁，他们有什么故事？然后，同提出一个问题一样简单，去倾听回答，然后看看它会把我们带到哪里。

关键的一点是，好奇心有助于我们与他人建立联结，而这种联结使我们更加投入生活。真正的好奇心会让人们与我们分享更多的自己，而这反过来有助于我们理解他们。这一过程使参与其中的每个人都充满活力。"火车上的陌生人"实验指出了这些联结带来的一系列好处，我们将在第 10 章详细讨论这一问题。即使是对另一个人很小的兴趣、一句简短的话，也能制造新的令人兴奋的事、新的联结之路，以及新的生活方式。

和慷慨一样，好奇心也是向上的螺旋。

从好奇到理解

当人们听说我们（罗伯特和马克）也是心理治疗师时，他们的反应通常是这样的："你怎么能做到一直倾听别人的问题？一定很累很压抑吧？"诚然，倾听并不总是那么容易，但对我们两人来说，更普遍和更有影响的体验是对我们在治疗中遇到的人怀有感激之情。我们从他们的经历中学习，这加深了我们与他们的联结。我们最大的乐趣之一（这不仅限于治疗）来自我们感觉到我们理解了另一个人的经历，然后以一种对他们来说真实的方式交流这种理解。突然发现自己与别人的经历同步，这是一种生命确认 [1] 的过程。

---

① 生命确认：原文为 life-affirming，意为因某件事而产生了积极的生命体验。

这是通过好奇心与他人联结的关键一步：将你新的理解反馈给他们。这是许多神奇的事情发生的地方，人与人之间的联结在这里变得牢固、可见和有意义。听到别人准确地理解我们自己的经历、用他们的话表达出来，可能会令人兴奋，特别是当我们处在陌生的社交环境中时。突然间，有人看到了我们的样子，这种体验瞬间打破了我们与世界之间的隔阂。被人看见是一件令人惊奇的事情。

反之，真正看到另一个人，并与之交流新发现，也是一件令人惊叹的事情。联结的兴奋感既发生在被看到的人身上，也发生在看的人身上。同样，这种联结和有活力的感觉也是双向的。

这并不是一个新的或非常规的想法。1936 年的戴尔·卡耐基就在经典著作《如何赢得朋友及影响他人》中强调了这一点。这本书基于六个原则，其中第一个原则是"对他人产生真正的兴趣"。就像任何事情一样，你越是练习这种好奇心，它就变得越容易。而练习的材料几乎总是随处可得。你可以在现在、今天，甚至在接下来的几分钟内做出选择，这将把你带向正确的方向。

重获新生

保持社交健康就像定期锻炼一样，定期检查对你反思所有的人际关系都有好处。未来再次需要检查时，不要犹豫。如果你的社交能力没有达到你希望的水平，你可能更需要频繁地进行这些反思性检查。花一分钟时间反思一下你们的关系如何，以及你希望它能有什么改变，这并不会有什么坏处——特别是如果你一直感到情绪低落的话。如果你是一个有计划的人，你可以把它变成一件定期的事情。也许在新年的第一天或者你生日的早上，花点儿时间来描绘你现在的社交宇宙，想想你得到了什么、你给予了什么，以及你希望新的一年如何。你可以把你的图表或人际关系评估表放在某个私密的地方，甚至就在这本书里，这样你就知道下一次你想要看的时候去哪里看，以及看看事情发生了什么变化。一年可以发生很多事情。

不出意外的话，这样做会提醒我们什么是最重要的——这永远是一件不错的事。一次又一次，当哈佛研究的参与者到了七八十岁时，他们会明确表示，他们最看重的是他们与朋友和家人的关系；斯特林·安斯利本人就提到了这一点：他深深地爱着养母和姐姐，却与她们失去了联系；他最美好的记忆与他的朋友相关，却从未联系过他们；他最关心的莫过于他的孩子，却很少见到他们。从表象上看，他似乎并不关心任何人。但事实并非如此。斯特林在讲述他最珍视的关系时饱含感情，他不愿回答某些研究问题也显然与多年来保持社交距离给他带来的痛苦有关。斯特林从未坐下来认真思考过他该如何处理他的人际关系，或者他能做些什么来恰如其分地照顾他最爱的人。

如果我们接受这样的观点——以及最新的科学证据支持——我们的人际关系确实是我们维持健康和幸福最有价值的工具之一，那么选择在其中投入时间和精力就变得至关重要。而且，对社交健康的投资不仅是对我们当下生活的投资，它将影响我们未来生活的方方面面。

5

对人际关系的关注

你的最佳投资

唯一的礼物来自你自己的一部分。

——拉尔夫·瓦尔多·爱默生

哈佛研究第二代调查问卷（2015）

问：我似乎是在没有意识到自己在做什么的情况下"自动运行"。

答：从不　偶尔　有时　常常　总是

问：我匆忙地完成各种活动，却没有真正注意到它们。

答：从不　偶尔　有时　常常　总是

问：我注重身体体验，比如风吹过我的头发，或者阳光照在我的脸上。

答：从不　偶尔　有时　常常　总是

　　想象一下，你在生命初始就拥有一辈子的钱。从你出生的那一刻起，你就有了一个账户，每当你需要买单时，钱都是从这个账户里支付的。

　　你不需要工作，但你做的每一件事都要花钱。食物、水、住房和其他商品一如既往的昂贵，连发一封电子邮件都需要你的宝贵资金。静静地坐在椅子上什么都不做也是要花钱的，睡觉也是要花钱的。你遇到的每件事都是要花钱的。

　　但问题是：你不知道账户里有多少钱，当钱用光时，你的生命就结束了。

如果你发现自己处于这种情况，你还会以同样的方式生活吗？你会做一些不同的事情吗？

这只是一个想象，但改变一个关键因素，就与我们的实际情况相差无几——我们账户里的不是钱，而是有限的时间，并且我们不知道总共有多少时间。

这是个日常问题——我们应该如何利用我们的时间？但由于生命的短暂和不确定性，它也是一个深刻的问题，对我们的健康和幸福具有重大影响。

僧侣们会念一种佛经，大意是这样的：如果只有死亡是确定的，而死亡的时间是不确定的，那么我该怎么办？

当你不可避免地意识到生命终有结束时，它会对你如何看待世界注入新的视角，不同的事情会变得重要起来。

在我们对哈佛研究中 80 多岁的夫妇进行为期 8 天的调查中，每天访谈结束时，我们都会问他们一个关于对目前生活的看法的不同问题。时间价值往往是他们答案的核心：

第 7 天：当你回顾自己的人生时，你希望自己少做些什么？多做些什么？

伊迪丝，80 岁：少为愚蠢的事情烦恼。当你从更广的视角来看，它们并不是那么重要。少担心那些事情，多陪陪我的孩子、丈夫、母亲、父亲。

尼尔，83 岁：真希望我能多陪陪妻子。我才刚开始减少工作量时，她就去世了。

这只是众多类似回答中的两个。几乎所有的研究参与者都聚焦于他们的时间是如何度过的，许多人觉得他们没有充分思考自己关注的事情。这是一种非常普遍的感觉。时光总有一种方式带着我们向前走，以至于我们觉得生活只是发生在我们身上，我们受制于它，而不是在积极地塑造它。像许多人一样，我们的一些研究参与者到了生命后期回首往事，会有这样的想法：我没有足够多地见到我的朋友……我没有对我的孩子们给予足够的关注……我的很多时间都花在了对我来说不重要的事情上。

注意那些我们无法逃避的动词：我们"花费"（spend）时间，我们"付出"（pay）关注

语言——尤其是英语——充斥着经济学术语，这些词看起来很自然，似乎有道理，但我们的时间和关注比这些词所暗示的要宝贵得多。时间和关注不是我们可以补充的东西，它们就是我们的生活。当我们付出我们的时间和关注时，我们不仅仅是在花费和支付，我们是在献出自己的生命。

正如哲学家西蒙娜·韦伊（Simone Weil）曾经写道："关注是最稀有、最纯粹的慷慨。"

这是因为关注——时间——是我们拥有的最宝贵的东西。

西蒙娜·韦伊去世几十年后，禅宗学者约翰·塔兰特（John Tarrant）在他的书《黑暗中的光明》（*The Light Inside the Dark*）中赋予了她这个洞见一个新的视角。"关注，"他写道，"是爱的最基本形式。"

我们在这里指出了一个很难用语言形容的真理：就像爱一样，关注是一种双向流动的礼物。当我们给予关注时，我们是在给予生命，但在这个过程中，我们也更有活着的感觉。

时间和关注是幸福的基本原料。它们是我们生命之水流动的源

泉。这比任何经济学的比喻都更准确。正如蓄水池中的水可以被引入并灌溉特定区域，我们关注的流动也可以活跃和丰富我们生活的特定区域。所以，看看我们的关注流向了哪里，并问问它是否流向了对我们所爱的人和我们自己都有利的地方（这两件事通常是同时发生的），这并不会有什么坏处。我们是否繁荣生长？那些让我们倍感活力的活动和追求是否得到了应有的回报？对我们来说，谁是最重要的人？所有那些关系、挑战都得到了应有的关注吗？

明日复明日

我们通过两种不同的方式来使用"注意力"（attention）这个词。

这个词的第一个意思实际上是指优先级和花费的时间。这涉及第 4 章中社交宇宙图的频率维度。当我们分配时间时，我们是否把对我们来说最重要的事情放在首位，把它们放在列表的前面？

你可能会想：这说起来容易，但你显然没有见过我的生活。我不能奇迹般地增加一天的时间，我把我的时间投入工作中，这样我爱的人才能有饭吃，我的孩子们才能穿衣上学，我已经筋疲力尽了，又怎么能投入我根本就没有的时间呢？

这是个好问题。所以让我们来谈谈时间。

对于我们可用的时间，我们常常有两种相互矛盾的感觉。一方面，我们感觉到了时间荒，觉得一天中没有足够的时间来做我们需要做的一切，更不用说我们想做的事情了；另一方面，我们倾向于认为，在某个不确定的未来我们会有富余的时间，就好像我们会到达生活中的一个地方，在那里，现在占据我们时间的各种事情将不再消耗我们的时间——那些未兑现的对父母的探望、给老朋友的电话（任何我们倾向于想象以后会发生的事情）都会被同样对待。"以后会有足够的时间，"我们想，"到时候再去做。"

的确，很多人都说自己太忙了，被责任和义务压得喘不过气来。随着21世纪的到来，我们感觉可用的时间越来越少，而我们中那些感到时间紧张的人压力越来越大，健康状况也越来越差。每个社会中感觉时间最紧张的人工作时间肯定会越来越长，对吗？

不完全是。自20世纪中叶以来，全球平均工作时间大幅下降。美国人的平均工作时间比1950年减少了10%，在荷兰和德国等一些国家，工作时间减少了40%。

这些是平均值，关于谁工作得更多、谁工作得更少，还有一些补充说明。例如，职场妈妈的闲暇时间最少，受教育程度高的人往往工作更多、闲暇时间更少，受教育程度低的人闲暇时间往往最多。因此，情况并不简单。但数据是明确的：即使考虑到这些补充说明，现在的人们相比于前几代人依然更少忙于工作，但我们仍觉得时间被拉伸到了极限，没有任何弹性，为什么？

这个问题的答案可能在于"注意力"这个词的第二个含义，它关于我们如何花费时间，特别是我们的大脑每时每刻都在做什么。

思考尚未发生的事情

20多年来，我们两个（罗伯特和马克）相距几百千米。为了在一起做项目，我们不得不通过电话或视频沟通。我们是老朋友了，但我们必须严格约定时间，否则我们永远也碰不上。当至少每周一次的约定时间最终到来时，我们都把它视为繁忙工作周中约定的休息时间。我们放松下来，放下了紧张。有时，在全神贯注了一整天或一周之后，当我们终于交谈时，我们的注意力会游移一会儿。

你知道那种感觉。生活很疯狂的，总有数不清的事情要做，当你和朋友或你的孩子坐下来，你有片刻的时间放松。你在这段关系中的舒适感和信心意味着你不需要全神贯注，这些是你熟悉的人。你们在一起习惯了，互动是熟悉的，也许没有什么特别新奇的事情发生，所以你的思绪会有点飘移。即使我们的生活没有被烦恼和待办事项淹没，互联网上也总是有海量的信息流在召唤着我们。于是我们在一天中的这个"走神"时刻，就开始刷手机。

甚至当我们正在研究这一章内容，讨论与注意力相关的行为时，马克开始察觉到电话里熟悉的沉默——罗伯特心不在焉了。

"罗伯特，"他说。

"啊？"

"我们失联了。"

每个人都会这样。在 2010 年的一项研究中，马修·基林斯沃斯（Matthew Killingsworth）和丹尼尔·吉尔伯特（Daniel Gilbert）将注意力分散的现代元凶指向了智能手机，并对其如何影响我们度过一天中清醒的时刻进行了大规模研究，包括身体上的和精神上的。首先，他们设计了一款应用程序，可以在全天的任意时间通过智能手机联系参与者，向他们提问正在做什么、想什么、有什么感觉等，并记录他们的答案。该数据库收集了 5000 多名来自 83 个国家、涵盖 86 个职业类别的各年龄段人群的数百万份数据。他们发现，我们醒着的时候有将近一半的时间都在想着手头正在做的事情以外的事情。将近一半！正如这项研究者指出的那样，这不仅是一种不幸的精神怪癖，还是一种明显的人类进化适应。

思考过去和未来让我们能够计划、预见未来，并在不同的想法和经历之间建立创造性的联系。但现代环境及其刺激可能会使我们的大脑处于注意力分散的状态，远远超过收益递减[1]的拐点。我们的大脑与其说是在预测和创造联系，不如说是在杂草中徘徊。基林斯沃斯和吉尔伯特的这项研究清楚地表明了我们或多或少能意识到的事情——走神与不快乐相关。

"思考尚未发生的事情的能力，"他们写道，"是一种以情绪消耗为代价的认知成就。"

猫头鹰和蜂鸟

这种思考过去和预测未来的认知能力是一些人感到如此忙碌的原因之一——不是因为我们一天中必须完成的任务数量，而是因为大量的事情争夺着我们的注意力。人们通常所说的"分心"被理解为过度刺激可能更好。

神经科学的最新发现表明，我们有意识的大脑不能同时做一件以上的事情。你可能会觉得自己能够一心多用，同时考虑两件（或更多）事情，但实际上你的大脑是在这两件事之间切换。从神经科学角度讲，这是一个代价高昂的过程。从一项任务切换到另一项任务需要耗费大量精力和时间。然后，当我们切换回来时，又需要大量时间才能真正将我们的注意力转移回最初关注的对象上。这不仅关乎时间成本，还关乎我们注意力的质量。如果我们总是从一件事切换到另一件事，那么我们永远不能真正集中注意力，体验专注所带来的愉悦和效率。相反，我们生活在一种不断重新校准的状态中，也就是作家琳达·斯通所说的"持续的部分注意力"。

---

[1] 收益递减：原文为 diminishing return，指在固定其他条件的基础上，持续增加某种投入，收益却越来越少。

人类的意识并不像有些人认为的那样迅速、灵活。我们的大脑已经进化成更像猫头鹰而不是蜂鸟：我们注意到一些东西，把注意力转向它，并专注于它。正是在这种强烈的、孤独的专注状态中，我们成了最独特的人类，拥有了强大的心智能力。当我们专注于一件事时，我们最有思想，最有创造力，最有效率。

但在21世纪屏幕密布的环境中，我们的意识猫头鹰又大又笨拙，被当作蜂鸟对待，它最终在一件事到另一件事之间无效地扑腾着。日复一日地这样做使我们适应了一种实际上不自然的、诱发焦虑的模式，在这种模式下我们的大脑需要努力地寻找营养。

哪只猫头鹰会感觉更忙，是专注于雪中老鼠的声音的那只，还是试图从一千朵花中提取一点点花蜜的那只？最终，哪只猫头鹰又会得到更好的滋养呢？

家庭生活中的关注

知道你的注意力是有价值的是一回事，但在我们一生的人际关系中，注意力又是什么样的呢？

在现实世界中，第2章中的高中老师利奥·德马科通常被认为是哈佛研究中最幸福的人之一，让我们来看看他是如何安排时间和注意力的。

作为一名高中教师，利奥非常忙碌，他的时间被挤到了极致。他与学生们的交往很密切。据了解他的人说，他比大多数老师都更投入。他总是觉得还有很多事情要做，并且毫不犹豫地帮助有困难的学生或忧心的家长。他还会在自己的孩子放学后或周末陪他们参加课外活动。家人喜欢他的陪伴——他是一个很好的倾听者，总是准备好讲一个恰到好处的笑话——所以当他不在身边的时候，他们会察觉，有时也会怀疑他是不是把工作看得比家庭更重要。

的确，他的工作对他很重要。这给了他生命的意义，他不止一次告诉研究者，这让他觉得自己是所属社区中有价值的一员，似乎他对同事，尤其是对他的学生来说很重要。这种目标对我们的幸福和健康很重要（在第 9 章中有更多的论述），它时常与其他优先事项发生冲突，比如家庭时间。这种争夺我们注意力的竞争是一个棘手的挑战，我们中的许多人都在努力应对，但这并非不可调和。

利奥的家人不怕分享他们对此的感受。他的妻子格蕾丝向他提起过，他的两个女儿和儿子也提起过。

1986 年，他的大女儿凯瑟琳被问及她对利奥最深刻的记忆，她满怀感情地谈到了他们的钓鱼之旅。每年夏天，当利奥放假的时候，他会一次带一个孩子去不同的露营和钓鱼的地方待上一周。在每次旅行中，凯瑟琳都记得利奥对她很上心，不仅仅是钓鱼，还询问了她的生活和她对事物的看法。他无法摆脱自己身上的老师习惯，他会告诉孩子们鱼喜欢躲在哪里，向孩子们展示如何系上鱼钩和浮子、如何生火、如何识别夜空中的星座。他要确保孩子们都能独自露营和钓鱼，这样他们就可以在荒野中求生，并能在未来和他们自己的孩子一起延续这个传统，如果他们有孩子的话。

利奥给了他的孩子们集中的注意力，他也给予他的妻子格蕾丝同样的关注。在他 80 岁出头的时候，当利奥被问及他们夫妻一起做了什么活动时，他说：

"我们会一起做园艺，或者我只是和她一起散步、聊风景。昨天我们去徒步了四五千米。我们裹得严严实实，在树林深处时不时停下来，看着鸭子从我们面前的小溪中飞出来。在我的生活中有很多这样的事情。这些都是我们共同的经历。或者当我读一本书时，我知道什么内容会吸引她，就推荐给她看。她也为我做了同样的事。"

这些都是小事，是利奥和格蕾丝生活中的小瞬间，但在一生中，这些小瞬间加在一起，就会累积起来。"关注是爱最基本的形式"。利奥既是这项研究中给予更多专注的成员之一，也是最快乐的成员之一，这并非巧合。

现代人的联结方式

对于在 20 世纪 40—60 年代养育孩子的利奥及其他第一代哈佛研究参与者来说，我们在 21 世纪所熟知的网络生活听起来像是科幻小说。当时，他们不必对抗无处不在的智能手机和社交媒体，或者铺天盖地的信息和刺激，但他们在人际关系上的挣扎可能与现今人们的挣扎比起来仍有共同之处。

1946 年，年轻的斯坦利·库布里克在《看客》杂志上发表了一张人们熟知的照片：一辆挤满了通勤人的纽约地铁车厢，人们都低着头，几乎每个人都在全神贯注地读报。许多最初的哈佛研究家庭谈到了和今天的许多人一样的感受——他们努力给家人应有的关注，但同时工作压力很大，世界似乎正在变得疯狂，他们担心孩子的未来。别忘了，这项研究中 89% 的男大学生曾在二战中服役——这是一场灾难性的冲突，结果在当时是完全未知的——后来又在冷战和对核灾难的普遍恐惧中抚养孩子。在家里，父母们担心的不是互联网，而是电视对孩子和整个社会的影响。因此，尽管他们面临的挑战在性质和规模上与现在有所不同，文化变革的速度在某些方面也没有我们所经历的那么极端，但如何滋养人际关系并找到有效的解决方案——在当下投入时间和注意力——与今天一样。注意力真实存在于我们的生活中，无论一个人生活在什么时代，它都是同样宝贵的。

网络中的关注

智能手机和社交媒体的技术如今正在塑造我们生活中最私密的部分。很多时候，当我们与另一个人建立联结时，我们之间会有一台设备和一款软件。

这是一种脆弱的局面：许多情感和生活通过这些媒介流动。爱情萌发、分手、出生和死亡的消息、朋友间的基本交流……各种各样的亲密互动现在都通过设备和软件进行过滤，这些设备和软件的设计微妙地——有时也并不是那么微妙——塑造着每一种互动。这对我们的人际关系和幸福有什么影响？这些新的交流形式是加深还是抑制了我们有意义地相互联结的能力？

这些问题的确切答案并不容易得到。每个人使用这些技术的方式都不同，就像任何社会转型时期一样，只有过了一段时间再回头看时我们才能看出变化的真正本质。但我们知道的是，社交媒体和网络生活是复杂的。我们有理由充满希望，也有理由感到担忧。

社交媒体的两面

从积极的一面来看，当社交媒体被用来维持与朋友和家人的关系时，它可以增强联结感和归属感。失去联系的老朋友和同事现在只需点几下鼠标就能再联络，围绕着兴趣和挑战的新网络社区每天都会出现。患有囊性纤维病等罕见疾病的人可以在网上找到支持和安慰，而因为性取向、性别认同或外表而被边缘化的人可以在网络上找到一个社区。对于任何与世隔绝、处境不寻常的人来说，互联网是一种真正的福音。

但有一些重要的问题需要提出，这些问题的答案可能会对我们每个人的幸福和社会产生影响。其中最紧迫的问题是这些网络空间如何影响儿童和青少年的发展。正如我们的哈佛研究（以及许多其他研究）所显示的那样，早期的社会经历很重要，一个人在之后的生活中与他人相处的方式与他们在孩童时期的发展有关。我们称之为形成期是有原因的（在第 8 章中会有更多的介绍）。更多的网络互动对年轻人在现实生活中读取社交线索和识别情绪的能力、给出有意义的对话线索和情感信号的能力有什么影响？很多面对面的交流都与语言无关，这些非语言能力会在虚拟环境中萎缩从而影响面对面的交流吗？

这是一个丰富的正在发展中的研究领域，我们团队正在进行其中的一些研究。到目前为止，结果还没有定论，还需要更多的研究。但在一点上很清楚的是，我们不能假设网络空间和现实空间是一样的，我们尤其不能假设孩子们面对面发展的社交技能也可以在网上发展。

隔离与联结

2020 年，新冠大流行震惊了世界。微小病毒的迅速传播极大地改变了世界上许多人的生活方式，将我们与朋友、邻居和家人分离，并将我们个人的心理韧性消耗到了极限。隔离政策迫使人们回家，社交距离规则阻止了大多数形式的社交。餐馆关门了，工作场所也关闭了。几乎在一夜之间，视频通话和社交媒体成为许多人与外界仅有的联系方式。这就像是一场关于社交隔离和网络生活本质的大规模全球实验。

随着数周的隔离延长到数月，网络工具开始填补缺乏现实互动的空白。远程会议维持了许多企业的运转，中小学和大学保持（虚拟）大门敞开，宗教仪式在网上举行，甚至婚礼和葬礼都是在线进行的。

但对于那些无法上网的人来说，情况更加糟糕。面对被完全隔离或感染的风险，许多人选择了感染的风险。在很少有社交媒体和视频通话的养老院里，唯一能比这种病毒更糟糕的是社交隔离，这对居民的健康造成了极大的损害，以至于它成为官方死亡原因之一。

如果没有社交媒体和视频通话，隔离对健康的影响可能会严重得多。

但很快人们就发现这些虚拟工具远远不够。这些在线会议的感觉，在感官体验和情感内容上有所缺失。

沟通不仅仅是信息的交换。人与人之间的接触和身体的亲近会产生情感、心理甚至生理上的影响。由于受到软件功能的限制，网络社交体验是不同的，而且往往更受限制。在平时，网络联系的局限性会被常规的面对面互动所抵消，但在疫情期间这些局限性被凸显出来。尽管我们有虚拟的联系，但在疫情的第一年，人们的绝望、抑郁和焦虑增加了，一些社区的孤独感恶化。即使对于那些网络联系非常多的人，也有许多人开始经历"皮肤饥饿"，这种饥饿与渴望是由人类间的接触被剥夺所驱动的。面对严重的隔离，社交媒体至少起到了一定作用。但这远远不够。

这一大规模的全球隔离实验非常清楚地表明了一件事：机器无法复制另一个人的身体存在。没有什么可以代替"在一起"。

不要浏览，要互动

社交媒体和虚拟互动将会继续存在，并且可能会以不可预测的方式发展。当观察世界各地不同社会如何应对这些技术变革时，我们在自己的生活中能做些什么来放大好的一面，减少坏的一面呢？

幸好我们确实有一些关于这方面的信息。个人如何使用这些平台至关重要，我们有几个非常基本的建议，你可以现在就开始实施。

首先，与他人互动。

一项有影响力的研究表明，那些被动使用脸书的人（只是阅读和浏览）比那些通过它联系他人和评论帖子来积极参与的人感觉更差。世界上"最幸福的国家"之一——挪威的一项研究也得出了类似的结论。挪威人使用脸书的比例很高，尤其是儿童。一项研究发现，使用脸书主要用于交流功能的孩子体验到了更积极的感觉，那些主要用它来观察的孩子则经历了更多的负面情绪。这些发现并不令人惊讶：我们知道，那些经常将自己与他人进行比较的人不太快乐。

正如我们前面所说的，我们总是把自己的内隐之处和别人的外显之处进行比较，总是把自己经历的起起落落、好日子和坏日子、充满自信和缺乏安全感的感觉与别人展示给我们的精心策划的生活进行比较。这种情况在社交媒体上表现得最为明显，我们会很快把在餐厅或海滩度假的愉快时光的照片发到网上，但很少上传餐桌上的争吵或糟糕的宿醉照。这种不平衡意味着，当我们将自己的生活与其他人在社交媒体上展示的图片进行比较时，会很容易觉得美好生活是只有其他人才能享受的东西。

其次，在使用社交媒体时要确认自己的感受。

就社交媒体而言，同一标准并不适用于所有人。对别人好的可能对你不好。因此，当你思考自己的网络习惯时，你的感受才是真正重要的。当你在脸书上花了半个小时，你会感到精力充沛吗？在漫长的网上冲浪之后，你是否感到精疲力竭？在脸书或推特上待一段时间后，花点儿时间关注你的情绪和观点的变化，这可以为你指明正确的方向。下一次当你发现自己被屏幕禁锢在椅子上时，只需花一秒钟时间和自己确认一下：你感觉如何？

再次，去了解对你而言很重要的人是如何看待你的社交媒体使用的。

问问你的伴侣，他们对你使用手机的方式有何看法。你的上网习惯对他们有影响吗？有没有某些时间或某些活动——早餐时、晚餐后、在车里——让你的关注和存在游离于你的家人？你的孩子呢？长辈倾向于认为主要是孩子们老粘在屏幕上，但孩子们抱怨父母痴迷于智能手机的并不少见。这不是你自己总能察觉到的事情，你可能需要问一下身边的人。

最后，给科技放个假。

这一点要根据你的生活而有所不同，但在一小段时间内将科技从你的生活中清除，可以揭示它是如何影响你的。在科学研究中，我们常用对照组来与实验组做比较，这样任何效果都可以被清楚地看到。而在你的生活中，你可能需要一个控制期。四个小时不看社交媒体是什么感觉？如果你不能用手机，你会更关心你爱的人吗？在没有社交媒体的一天之后，你是不是感觉没那么不知所措、注意力也没那么分散了？

每当我们拿起智能手机或上网时，我们都在增加自己的潜在影响力，同时也将自己暴露在了漏洞面前。我们每个人所能做的最好的事情就是试图理解这个等式的两边是如何映射到我们自己的生活中的，并努力最大化好的一面，减少坏的一面。

为此，与所有科技巨头相比，我们有一个至关重要的优势：争夺我们注意力的战争是在我们的地盘上进行的，确切地说，是在我们的大脑中。我们可以在这里赢得胜利。

保持警觉

当下是我们唯一可以支配的时间。

——一行禅师

这些注意力困境似乎是现代独有的，但它的核心是非常古老的，比互联网早几千年，而且有非常古老的解决方案。

1979 年，乔恩·卡巴金（Jon Kabat-Zinn）将古老的佛教冥想练习改编成了一门 8 节的课程，旨在帮助绝症患者和那些患有慢性病痛的人减轻压力。他将这一课程称为"正念减压疗法"（Mindfulness-Based Stress Reduction，简称 MBSR），其治疗的成功使"正念"一词成为今天几乎无处不在的术语。现在有大量研究支持它的有效性，大量的医学院现在提供正念训练。

正念练习的核心是觉察力和注意力。卡巴金经常这样定义正念："通过有目的地在当下对事物的本来面目不加评判地关注而产生的意识。"通过有意识地努力关注我们身体的感觉和我们周围发生的事情，并且在没有抽象和判断等过滤的情况下这样做，我们的思想和经验就会与我们现在所处的境况同步。人类的思维有游移的倾向，正念的目标是不断地把它带回来，带到当下。

多年来，正念的元素已经渗透到更广泛的文化中，但一些商业化行为导致许多人对正念练习缺乏信任。但它的核心概念已经存在了几个世纪，是许多文化传统的一部分。其核心只是一种日常的专注。就连美国军方也致力于研究和学习正念是如何让人类保持专注的，因为对士兵来说，时刻保持警觉是生死攸关的问题。

对于我们其他人也是如此。觉察力是真正活着的感觉。"自动驾驶"时间的累积（例如，无意识的每日通勤、数小时的网上冲浪，再加上醒来和入睡的自动程序）会让人感觉生活在飞速流逝，而我们却正在错过它。

通过学习关注眼前正在发生的事情，我们获得的不仅仅是生活的感觉，我们还增强了行动力。我们不去想已经发生了什么，不去想可能会发生什么，也不去想我们以后要做什么，我们仅对这一刻保持觉察，这是任何行动都必须发生的时刻。如果我们的目的是与他人联系，那么当下便使之成为可能吧。

片刻的正念不一定是费力的冥想。我们只需要停下来，集中注意力，注意事物的本来面目。在我们生命中飞逝的每个瞬间，都有大量的信息涌入。你现在就可以花点儿时间。你可以觉察这本书在你手中的重量，书页（或你用来阅读或听书的设备）的感觉，空气在你皮肤上的流动，或者房间地板上的光线。或者你可以试着问自己这个可爱的问题，这个问题在任何情况下、任何时候都很有用：这里有什么是我以前从未注意到的？

"正念"这个词在某种程度上是不确切的，因为对一些人来说它的含义可能并不明确。这个词看起来好像要求我们去做关于思考正确的事情的练习，如果我们做正念练习，则意味着我们的大脑中要"充满"正确的想法。

但是正念实际上要简单得多。

正如吉尔伯特和基林斯沃斯的研究所显示的那样，大多数人的大脑中往往已经充满了对自己、未来和过去的思考，这种想法将我们的思想拉入一条由思绪和忧虑组成的狭窄隧道中，与眼前的经验相隔绝，那里可能充满了黑暗和幽闭恐惧。

而如果我们愿意的话，当下可以是广阔而宽敞的。即使它包含悲伤或可怕的经历，但这一刻也包含了比我们大脑中的内容更多的东西。真正活着的感觉来自只关注我们眼前正在发生的事情，抓住这些感觉——我们身体的感觉、我们看到和听到的东西，以及与我们在一起的人的存在——并用它们来摆脱对其他事情和问题的思考，从我们自己大脑的隧道中走出来，进入当下的浩瀚世界，这是任何事物或任何人唯一真正存在之地。

正如心灵导师拉姆·达斯（Ram Dass）所说，关键是"活在当下"。

"A"级努力

同样的问题——这里有什么是我没有注意到的？——当我们把它应用到人身上时，可能会变成格外有力的问题：这个人有什么是我以前没有注意到的？或者：我错过了这个人的什么感觉？这是我们在第 4 章中谈到的那种极端好奇心的一部分。

通常与他人在一起时，我们会错过很多与之有关的信息。在任何互动中、在任何关系中（即使是与我们最亲密的人），都有大量的感觉和信息是我们没有注意到的。但归根结底，哪个更重要：我们对另一个人正在经历的事情的理解有多准确，还是我们首先对他们的经历有多好奇？

2012 年，我们两人设计了一项研究来帮助回答这个问题。如果你曾经和伴侣有过一次艰难的对话，你就会知道这个问题会多令人担忧，以及会存在多大的误解。因此，我们招募了156对不同背景的夫妇，让每个人用一两句话记录下来过去一个月里让他们对这段关系感到沮丧、愤怒或失望的事件（例如，伴侣没有兑现他的承诺，没有分享重要事件的信息，没有做他们应该做的家务）。然后，我们为这对夫妇播放双方的录音，让他们对此进行讨论，并指导他们更好地理解所发生的事情。

参与者并不知道这一点，但我们一直在关注共情的重要性。我们想知道的是：是准确地理解伴侣的感受更重要，还是让伴侣看到我们在努力理解更重要？

在他们互动之后，我们询问了他们在这些对话中的感受。我们还询问了一系列与他们伴侣的意图和动机相关的问题，包括他们觉得伴侣试图理解他们的程度。

我们预计，共情的准确性——能够准确判断伴侣的感受——将与更高的关系满意度相关。这种相关性确实存在——了解你的伴侣的感受是一件好事。

但比这更重要的，尤其是对女性来说，是共情发挥了作用。如果一个人觉得他的伴侣在真诚地努力理解自己，他就会对互动和关系有更积极的感受，无论他们伴侣共情的准确性如何。

简单地说，理解另一个人是很好的，但仅仅是试图理解也对建立联结有很大的帮助。

有些人会自动这么做，但努力理解他人也可以有意为之。一开始，这对你来说可能并不是自然而然的，但你尝试得越多，它就会变得越容易。下次有机会的时候，试着问问自己：

这个人感受如何？

这个人在想什么？

我是不是漏掉了什么？

如果我处在他的位置，我会有什么感觉？

当你能够让他们知道你很好奇，并试图理解他们的时候，这个小小的努力就能产生巨大的影响。

利奥的"B+"级努力

利奥可能不是花最多时间与家人在一起的研究参与者，但多年来，他有意识地尝试在这方面取得进步，当他与家人相处时，他让这一点发挥了作用。这并不意味着他必须带他们去冒险或海外旅行，也不意味着他把最大限度的兴奋水平融入了家庭时光的每一时刻。不是的。他只是关注他的孩子和妻子，而且他一直都是这样做的。在那一刻，他对他们来说是可依靠的。他倾听，提出问题，并只要有可能就会尽力提供帮助。

我们问他，当他们在高中第一次相遇时，他妻子的哪方面吸引了他，他列出了许多：她的聪明、随和，以及无法言说的神秘——"这些是我喜欢她的方面。我从一开始就喜欢她。"但当我们问他，他认为她喜欢他什么时，这个问题让他大吃一惊。

"老实说，我从来没有想过这个问题。"他说。他对格蕾丝如此感兴趣，以至于他从没想过自己在她眼里是什么样子。

这种对自己之外世界的关注是利奥生活的一个主题。当他与家人聚在一起时，他说他喜欢做墙上的一只飞虫——对他来说，观察家人彼此间的关系是很有趣的，在自然状态下观察他们彼此之间的不同之处。他们的关系给这个家庭注入了活力。"这让生活变得美好。"他说。

利奥是幸运的。他的好奇心、对他人的关注和不以自我为中心的意识对他来说是很自然的。这些并不是每个人都能自然而然获得的。我们中的一些人需要付出更多的努力，去学习以这种方式专注。即使是终生都对妻子关怀备至的利奥，也没有保持住他主动与孩子们沟通的方式。孩子们离家后，利奥和他们的交谈越来越少，也不那么用心了。他的小女儿瑞秋在她 35 岁左右的时候，在第二代调查问卷上写了一条笔记：

"崇拜父母。今年我才意识到，我必须挤出时间和他们在一起，特别是让我父亲说话。他总是让我母亲来做必要的沟通。现在我主动发起了很棒的深夜谈话，感觉和他更亲近了。"

这段话非常发人深省。德马科一家人很亲近，这是真的，但有时这还不够。瑞秋成年后，她失去了一部分与父母的亲近感，这让她感觉不好。她必须更加积极地为他们腾出时间，滋养她与父亲的关系。作为一个家庭，他们已经有了沟通和亲密的能力，但努力和为此做计划仍然是必要的。亲密关系不是自然而然发生的。生活很忙碌，太多的事情阻碍了我们，我们很容易变得被动、随波逐流。瑞秋选择了逆流而行，重新建立联结。

瑞秋的选择不是凭空而来的。利奥年轻的时候可能并不知道这一点，但他播下了联结的种子，这种联结会在以后的生活中反过来滋养他（和他的孩子们）。瑞秋和他的其他孩子们了解到，这种与父亲的联结感觉很好，给了他们一种从其他任何人那里都无法获得的特殊感觉。他们知道这一点是因为利奥早先的努力。

在调查问卷的最后，瑞秋向研究人员写了最后一则说明：

"附注：很抱歉这么晚，我住在深山的树林里，没有水，没有电，等等。有点失联了！"

……露营之旅似乎给他们上了不止一课。

对德马科家族的近距离观察揭示了研究所显示的集中的关注带来的自然结果：相互的爱和体贴、归属感，以及总体上对人际关系的积极感觉——这会导致更积极的关系和更好的健康状态。就利奥本人和德马科一家而言，他们对彼此的密切关注似乎对他们所有人的生活都产生了重大影响。

每天多一点关注

我们已经请你思考了你生活中需要投入更多时间的关系。现在，我们要请你考虑一个更深层次的问题：在你生活中已经占用你时间的人中，谁得到了你的充分关注？

这个问题可能比你想象的更难回答。我们经常认为我们在全神贯注，但我们的本能行为和反应让我们很难确定。你可能需要努力观察自己，并思考是否真的为对你最重要的人提供了充分的关注。

如何做到这一点取决于你自己的生活，但这里有一些简单的方法助你开始。

首先，想出一两段能丰富你的生活的关系，并考虑多花点儿心思在上面。如果你在第 4 章中画了一张社交宇宙图，你可能需要看一看它，然后问自己：我今天应该做些什么来关注和感激值得我这样做的人？

其次，考虑对你一天的日程做些改变。特别是当你和你最关心的人在一起的时候，创造一些不受干扰的时间或活动是否可行？例如，餐桌上能否没有手机？每周或每个月可能拿出固定的时间去陪伴某个人吗？改变一下你的日常安排，会不会让你有规律的时间喝杯咖啡，或者和心爱的人或新朋友一起散步？你能置办几件家具以方便相互交谈而不是方便看屏幕吗？

最后，你可以继续我们在第 4 章开始部分的练习，在你与生活中的人相处的每一刻都带上好奇心，尤其是那些你很熟悉、可能已经习以为常的人。这需要练习，但要做得更好并不难。"你今天过得怎么样？"——"很好。"不一定是谈话的结束。只有你真诚的兴趣才能激励人们做出回应。接下来你可以问一些更有趣的问题，比如"今天发生的最有趣的事情是什么？"或者"今天发生了什么令人惊讶的事情吗？"。当他随意地回答时，你可以进一步追问："我能再多问问你吗？……我很好奇，但不确定我是否真的完全理解了……"试着设身处地地为这个人着想，想象他所经历的一切。引人入胜的对话往往来自这种换位思考，好奇心是会传染的。你可能会发现，你对别人越感兴趣，他们对你也就越感兴趣，你也可能会惊讶于这个过程是多么有趣。

生命总是有可能在不经意间溜走。如果感觉每天、每个月、每年的时间似乎过得太快，集中注意力可能是一种补救办法。全神贯注地关注某件事是一种让它变得生动的方式，并能够确保你不会像"自动驾驶"一样漂浮在时间中。关注某人是尊重他的一种方式，是在向那一刻的他致敬。关注你自己，关注你是如何在这个世界上前进的，关注你现在的位置和你想要去的地方，可以帮助你识别哪些人和哪些目标是最需要你的关注的。注意力是你最宝贵的资产，决定如何投资你的注意力是你能做出的最重要的决定之一。好消息是，你可以在现在，此时此刻、在你生命中的每一个时刻做出这个决定。

6

直面困难

适应人际关系中的挑战

万物皆有裂痕，
那是光照进来的地方。

——莱昂纳德·科恩

哈佛研究问卷，第六部分（1985）

问题 8：你克服困难的理念是什么？

在每个认识佩吉·基恩的人看来，26 岁的她似乎已经走上了通往美好生活的道路。她事业有成，家庭和睦。在第 3 章我们就已经听见她讲述了自己和一个男人的婚姻，她形容他为"地球上最好的男人之一"。但她描述的这幅生活图景与她真实的生活并不相符。仅仅在结婚几个月后，佩吉的生活就陷入了混乱，因为她向自己、丈夫和家人承认了自己是同性恋。佩吉多年来一直隐藏着这个事实，当她最终决定面对它时，她的整个世界似乎都崩溃了。她感到孤独、精疲力竭。这是她一生中最艰难的时刻。在经历了那段迷茫和绝望的日子后，她回过神来，环顾四周，心想：现在该怎么办？我能向谁求助？

在整本书中，我们一直强调，人际关系不仅是克服大大小小的困难的关键，也是面对困难时持续保持幸福的关键。乔治·维兰特很好地总结了这一点，他写道："（哈佛研究）揭示了幸福的两大支柱……一个是爱，另一个是找到一种不把爱拒之门外的生活方式。"

正是在我们的人际关系中，尤其是亲密关系中，我们找到了美好生活的要素。但要实践这一点并不容易。当回顾 84 年的哈佛研究时我们可以看到，最幸福和最健康的参与者是那些拥有最佳关系的人。但当审视参与者生活中最低落的时刻时，我们会发现其中很多也与人际关系有关。离婚、所爱之人的离世、毒品和酒精的挑战，这些都将重要的关系推到了边缘……参与者生活中许多非常艰难的时刻都是由他们对他人的爱与亲密关系导致的。

这是生活中最具讽刺意味的事情之一——也是无数歌曲、电影和伟大文学作品的主题——那些最能让我们感觉到自己的存在的人、那些最了解我们的人，往往也是最能伤害我们的人。这并不意味着伤害我们的人是恶意的，也不意味着我们在伤害别人时是恶意的。有时双方都无过错，只是当我们在自己独特的生活道路上前行时，我们可能会在无意中彼此伤害。

这是我们作为人类所共同面临的难题，我们如何应对这些挑战往往决定着我们的人生轨迹。我们要直面困难吗？还是将头埋进沙子里——逃避困难呢？

佩吉是如何做的？

让我们快进到 2016 年 3 月——她 50 岁生日后不久，看看佩吉的生活是如何发展的。

整个 20 世纪 90 年代，佩吉都专注于自己的事业。她取得了硕士学位，开始教书。在经历了一段短暂的恋情和一段时间的单身后，佩吉在 2001 年坠入爱河。从那以后，她一直和同一个女人保持着亲密关系。这段关系被她形容为"非常幸福、温暖和舒适的"。但在 2016 年时，她在工作中遇到了一些麻烦，压力影响了她的生活：

问题 1：在过去的一个月里，你因为意外发生的事情而心烦意乱的频率？

答：从不 很少 有时 （经常） 总是

问题 2：你感到紧张和有压力的频率？

答：从不 很少 有时 （经常） 总是

尽管佩吉一直处于压力之下，但她对此并不是特别担心。

问题 3：你对自己处理个人问题的能力感到自信的频率？

答：从不 很少 有时 （经常） 总是

问题 4：你感到困难堆积如山而无法克服的频率？

答：从不 （很少） 有时 经常 总是

佩吉对解决问题充满信心的原因是什么？在很大程度上是因为她的朋友和家人们。

问题 43：以下每句话的描述对你而言程度如何？

朋友关心你。

答：完全不符合 有点符合 有些符合 相当符合 （非常符合）

家人关心你。

答：完全不符合 有点符合 有些符合 相当符合 （非常符合）

朋友会帮助你解决严重的问题。

答：完全不符合 有点符合 有些符合 相当符合 （非常符合）

家人会帮助你解决严重的问题。

答：完全不符合 有点符合 有些符合 相当符合 （非常符合）

佩吉经历了痛苦，最终走出了阴影，她的人际关系帮助她渡过了难关。她靠着与亲近之人的充分交流挺了过来，就像禅宗所说的那样，经历了"万喜万悲"。

当我们沿着各自的道路前行时，有一件事是我们可以绝对确定的，那就是我们将在生活和关系中面临我们觉得自己还没有准备好应对的挑战。两代哈佛研究参与者的生活清晰地彰显了这一事实。无论我们有多聪明、多有经验或多有能力，我们总会有时感到力不从心。然而，如果我们愿意面对这些挑战，我们可以做的事情很多。"你无法平息海浪，"乔恩·卡巴金写道，"但你可以学会冲浪。"

在第 5 章中，我们谈到了关注当下的重要性，以及将这种关注导向我们身边的人将具有不可思议的价值。现在的问题是：当我们发现自己与人打交道并经历重大挑战的时刻，到底发生了什么？生活只发生在当下。如果要直面困难，我们就必须一步一个脚印——认真面对每一个瞬间、每一次互动和每一个感受。

这一章的内容关于这些当下的选择和互动，关于如何应对和适应我们人际关系与生活中的挑战，这样当海浪袭来时，我们不会屈服于它们，而是用我们所掌握的所有资源迎接它们，并驾驭它们。

反射和反思

人际关系中的许多困难都源于旧习惯。我们在生活中形成了自动的、反射性的行为，这些行为与我们的生活紧密地交织在一起，以至于我们甚至很难注意到它们。在某些情况下，我们会习惯性地回避某些感觉而不做出回应，而在另一些情况下，我们可能被情绪所掌控，以至于在无意识情况下做出反应。

"膝跳反应"这个老词很贴切。当医生轻拍我们膝盖的特定位置时，我们的神经会做出反应，脚会踢起来，无须思考或有意识为之。情绪似乎经常以同样的方式影响我们，大量研究表明，一旦某种情绪被激发，我们的反应几乎是自动的。情绪反应很复杂，其中包括研究人员所说的"行动倾向"——一种以某种方式行事的冲动。例如，恐惧中就包含了逃跑的冲动。我们已经进化到能够让情绪帮我们做出快速反应，尤其当我们感到威胁时。当人类曾经主要生活在荒野中时，行动倾向有很强的生存优势。讨论到这，事情就不那么简单了。

当罗伯特还是一名医科学生的时候，他遇到了两个案例，让他明白了较强适应性与较弱适应性的压力应对方式之间的关键区别。这两位患者都是在乳房里发现了一个肿块的40多岁的女性，我们称她们为阿比盖尔和露西娅。阿比盖尔对这个肿块的第一反应是不把它当回事，并且没有告诉任何人。她觉得这可能没什么，那个肿块很小，所以不管它是什么都不太重要。她不想麻烦丈夫或两个儿子——两个儿子都在外上大学，忙于自己的生活，毕竟她感觉良好，而且还有许多其他事需要操心。

露西娅的第一反应是惊慌。她把这件事告诉了丈夫，在简短的交谈之后，他们一致认为应该立即给医生打电话预约检查。然后她给女儿打电话，告诉她发生了什么事。在她等待活检结果出来的时候，她尽量把这件事抛诸脑后，以便正常生活不受干扰。她有自己的事业，还有其他事情要处理。但她的女儿每天都打电话来，她的丈夫也对她非常关注，以至于她不得不要求一些个人空间。

阿比盖尔和露西娅都在以对她们来说自然的方式来应对这难以置信的压力。面对压力事件时我们的习惯性反应，包括我们的思维和行为模式，就是心理学家所说的应对策略。

我们的应对策略会影响我们应对各种挑战的方式，从小分歧到大麻烦，而每一种应对策略的关键部分就是我们如何利用我们的人际关系。我们是否要寻求帮助，我们是否接受帮助，我们是否只依靠自己默默面对挑战？无论我们采用何种应对策略，我们都会对周围的人产生影响。

罗伯特在医学培训中遇到的这两位女性，她们所采用的应对策略截然不同。阿比盖尔通过否认她所发现的事情的重要性来控制她的恐惧，并以这种方式面对困难。她没有让她的亲人参与进来，也没有采取任何行动，她认为自己的处境可能会给其他人带来负担。露西娅也很害怕，但她利用恐惧面对困难，采取了必要的行动保护自己的健康。她认为这种情况不是她一个人的事情，是她的家人应该共同面对的事情，她倾向于了解情况，直接处理，但也保持兼顾生活中其他需求的灵活性。

活检结果是这两个女人都得了癌症。阿比盖尔从未告诉她的家人或家庭医生她所发现的情况，也没有理会这个肿块，直到她开始感觉不舒服，但那时已经太晚了，癌症夺走了她的生命。露西娅很早就发现了癌症，经过漫长的治疗过程活了下来。

这是一个极端的例子，但这种结果的对比让罗伯特牢牢记住了一个道理：无法直面或拒绝直面困难、不让自己的社会支持网络（如家人和朋友）参与进来会产生巨大的不良后果。

直面还是逃避

类似阿比盖尔的情况并不少见。马克协助进行了两项独立研究，旨在帮助患有乳腺癌的女性更直接地应对恐惧，并获得生活中重要的人的支持。在这些女性中，逃避是很常见的，与阿比盖尔的第一反应如出一辙。

逃避现实往往比直面困扰我们的问题更容易，但这样做可能会产生我们不希望的后果，"逃避"这一行为发生得最多的地方就在我们的个人关系中，这也是影响最显著的地方。

许多研究表明，当我们逃避一段关系中的挑战时，问题不仅不会消失，反而会变得更糟。最初的问题会一直深入这段关系中，并可能导致各种其他问题。

长期以来，心理学家一直很清楚这一点，但还不太清楚的是，这种逃避会如何影响我们的一生。逃避应对挑战的倾向是只在短期内影响我们，还是会有长期的后果？

为了从终生的视角来看待这个问题，我们使用了哈佛大学的研究数据，并提出了这样的问题：一个倾向于直面困难的参与者，他的一生会发生什么？一个倾向于逃避困难的参与者，他的一生又会发生什么？我们发现，中年时逃避思索和谈论困难的倾向与三十多年后的负面后果有关。相较于那些倾向于直面困难的人，那些典型反应是回避或无视困难的人在晚年记忆力更差、生活满意度更低。

当然，生活总是给我们带来新的和不同的挑战，不同的情况、不同类型的关系需要不同的技巧。为了缓和与你十几岁孩子的争吵，开个友好的玩笑可能有用，但是对于要求你管好你的狗的邻居，开玩笑可能就没有用了；家里发生激烈的争吵后，你可能会握住你伴侣的手，但在工作中你老板不会喜欢这样的举动。我们需要培养各种技巧，用正确的技巧应对对应的挑战。

从研究中得到的一个经验是，灵活变通有其好处。在哈佛研究中，有些参与者的意志力非常强，他们有应对挑战的固定方法，并会坚持这样做，在某些情况下他们能控制局面，但在另一些情况下可能会不知所措。

例如我们的第一代研究参与者很难与他们的子女找到共同点，这在 20 世纪 60 年代并不少见，但是这种无法相互适应的情况给他们带来了压力。

斯特林·安斯利在 1967 年告诉本研究："我不喜欢那种嬉皮士运动，这很困扰我。"他发现自己与孩子们疏远了，无法对他们不同的世界观感到好奇。

我们每个人都在人生中养成了特定的应对策略，这些策略可能逐渐变得坚不可摧，但这种"坚固"实际上会使我们更加脆弱。在地震中，最结实、最坚硬的结构并不能幸存下来，实际上它们可能是最先崩塌的。结构科学已经弄清了这一点，现在的建筑规范要求高层建筑具有韧性，这样的建筑才能经受住席卷大地的巨浪。人类也是如此，适应不断变化的环境是一项迫切需要学习的强大技能。这可能是渡过难关时是轻微损伤还是分崩离析的差别。

改变自己的自动反应方式并不是一件容易的事情。在哈佛研究中，有一些非常杰出的人——比如火箭科学家——他们甚至从未意识到自己的应对策略，更别说去调整和控制了，他们的生活也因此变得很糟糕。而与此同时，像佩吉·基恩以及她的父母亨利和罗莎这样的参与者，则能通过尽可能坦然地面对生活中的考验并通过朋友和家人的支持得以成长。

那么，当面对挑战时，我们该如何跳出最初的反应呢？

无论是积极的还是消极的，轻微的还是严重的，当我们处于情绪事件的旋涡中时，我们的反应往往会如此之快，以至于像是情绪在支配我们，让我们来不及思考。但事实上，我们的思维对情绪的影响比我们意识到的要大得多。

现在有大量研究表明，我们对事件的感知和感受之间存在联系。

在科学提供客观证据之前，人类早就明白了这一点。

《圣经》中说道："喜乐的心是良药，开朗的心能治病，但忧伤的灵魂会使骨头枯干。"

斯多葛派哲学家伊壁鸠鲁（Epictetus）指出："扰乱人们的不是事件，而是他们对事件的看法。"

佛陀说："我们着眼于整体而不只是局部，人是相互依赖的系统，感觉、知觉、思想和意识都是相互联系的。"

我们的情绪不是我们的主宰，我们如何思考、我们如何对待生活中的每一件事发挥着比情绪更重要的作用。

每时每刻

如果我们选取任何一个情绪序列——一种激起某种感觉并引起反应及其后果的压力源——并把这个序列放大、放慢，就会发现一个新的隐藏的处理水平。正如医学研究人员通过观察身体中最微小的过程找到疾病的治疗方法一样，当我们在更微观的层面上审视我们的情感体验时，就会看到一些令人惊讶的发现。

这个过程——从压力源到反应——是分阶段发生的。每个阶段都为我们提供了一系列的选择，可以推动我们朝着更积极或更消极的方向发展，而且每个阶段都可以被我们的思维或行为所改变。

科学家已经了解清楚了这些阶段的信息，并利用这些信息帮助人们遏制攻击性，帮助成年人减少抑郁，以及帮助运动员发挥最佳水平。这些信息对处于任何情绪状态下的任何人都是有用的。通过了解我们是如何度过这些阶段的，并放慢它们的速度，我们可以阐明为什么会有这样的感觉和为什么做这样的事情背后的一些奥秘。

下一节介绍的模型将为你提供一种放慢反应速度并将之置于显微镜下观察的方法。我们希望它能成为一个可以放在你口袋里的东西（一种比喻）——你可以在任何时候、任何情绪状态下使用。在本书中，我们主要关注的是人际关系，所以我们会举例说明如何使用这种模型来应对与其他人相处过程中遇到的挑战。但它也可以被应用于各种其他挑战——如轮胎漏气等意外的小刺激，或慢性健康问题如糖尿病或关节炎。每时每刻都可以使用。

应对情绪挑战和人际关系事件的 W.I.S.E.R. 模型

这个模型将我们的典型反应降低了一两个层级，让我们有机会更仔细地观察我们可能忽视的情境的丰富细节、其他人的体验和我们自己的反应。

> W：观察（watch）；I：解读（interpret）；S：选择（select）；E：参与（engage）；R：反思（reflect）

为了告诉你如何在日常生活中使用这个模型，我们将使用一个我们在临床实践和哈佛研究参与者中经常遇到的场景：一个提供令人讨厌的建议的家庭成员。

想象一位母亲，我们称她为克拉拉，她一直难以与她 15 岁的女儿安吉拉沟通。安吉拉和大多数 15 岁的孩子一样，正在努力变得更加独立。她觉得父母的管控让她窒息，只想和朋友们在一起。安吉拉之前一直都是一个好学生，但就在过去的一年里，她的成绩却一直下滑，好几次被抓到喝酒，还逃课，所有这些事都在家里引起了争吵。

安吉拉的祖父母很理解她——因为克拉拉在那个年纪也很叛逆——他们试图给予克拉拉支持，把她养育孩子的事情交给他们。但克拉拉的姐姐弗朗西斯也有十几岁的孩子，她认为安吉拉的父母不负责任。弗朗西斯姨妈担心安吉拉的发展，觉得自己有责任干预。

在一次家庭烧烤聚会上，弗朗西斯看到她的外甥女安吉拉坐在餐桌的末端，沉默不语，与朋友发短信。"你知道吗，智能手机会杀死大脑？"她开玩笑地说，"这已经在实验室里被证实了。"然后她试图用幽默但又带着一丝严肃的语气对她妹妹克拉拉说："你应该知道为什么她的成绩下滑了，也许你应该试着管教她，把手机拿走。我对我的孩子就是这么做的。也许那样她就有时间做作业了。"

那么克拉拉是如何利用 W.I.S.E.R. 模型来帮助自己决定如何回应她姐姐的呢？

第一阶段：观察（好奇治愈猫）

精神病学中有一句老话：什么也不要做，就坐在那儿。

我们对一个情境的第一印象会很强烈，但很少是完整的。我们倾向于关注熟悉的东西，但这种狭隘的视角可能存在排除了潜在重要信息的风险。不管你一开始能观察到多少，几乎总是还有更多的东西可以观察。每当你遇到压力，感觉有情绪在酝酿时，马上有目的地升起好奇心是有用的。细致入微的观察可以完善我们的最初印象，扩大我们对情境的看法，并按下暂停键以防止潜在的有害的反射性反应。

对克拉拉来说，花点儿时间观察可不容易。长期以来，她和姐姐之间充满矛盾，她的第一反应是受到了侮辱。弗朗西斯的这番话很伤人，因为克拉拉对自己无法接近安吉拉和无法与安吉拉沟通感到有些羞愧。她的下意识反应可能是突然打断并讽刺地回答道："谢谢你的好建议，你还是管好自己的事吧！"由此，一场争论可能会随之而来。另一种反应可能是什么都不说，把她的感受藏在心里，在脑海中一遍又一遍地回想这句话，把怨恨和羞愧也藏在心里，直到下一次家庭聚会的时候，她再借机大发雷霆。

观察是指观察整个情况：环境、与你互动的人，以及你自己。这种情况是不寻常的还是很常见的？接下来通常会发生什么？有什么是我没有考虑到但可能是正在发生的事情的重要部分？

对克拉拉来说，这可能意味着要去思考她姐姐最近的家庭感受如何。也许弗兰西斯和克拉拉在一起并不舒服，因为克拉拉一直是"酷小姨"；或者弗朗西斯的生活中可能有一些压力，比如担心母亲的健康，而这与当下发生的事情无关。这个观察阶段可能需要一些时间，甚至会持续到接下来的一个小时左右。克拉拉可能会暂时把弗朗西斯的话放一边，然后问问母亲是否有什么补充信息。如果她这样做，她可能就会了解到弗朗西斯一直在和她的丈夫吵架，或者她感到工作压力很大。这种考虑并不是为了给行为找借口，而只是为了充实所发生的事情的背景。背景信息是非常有价值的，除了你马上注意到的信息之外，尽可能多地吸收信息并没有什么坏处。

我们在观察阶段产生的好奇心也包括对你自己出现的反应的好奇心——你的感觉如何，以及为什么。你可能会注意到你身体里发生了什么，比如你的心跳加快，你抿着嘴唇或咬紧牙关（愤怒的迹象）。你可能会注意到有一种冲动要发泄出来，或者因为感到羞耻而藏起自己。对你的反应和你可能要做的事情更加关注，这可以帮助你驾驭情绪的波动，而不是让它冲垮你。

这使我们进入了第二阶段，这是应对压力的一个关键转折点：解读这种情况对你意味着什么。

第二阶段：解读（确定风险）

这是一个很容易出错的阶段。

解读是我们所有人都在做的事情，一直都在做，不管我们是否意识到。我们环顾世界，看着发生在我们身上的事情，我们分析这些事情发生的原因，以及这对我们意味着什么。当然，我们的这种分析是建立在现实的基础上的，但现实并不总是那么明朗。我们每个人都以自己的方式感知和解读一种情境，因此我们所看到的"现实"可能不是其他人所看到的。其中一个主要陷阱是人们通常会认为一个情境是以自己为中心的，然而事实很少如此。

如果你想尽可能清楚地了解情况，首先需要清楚面临的风险。情绪通常预示着将有与自己相关的重要事情发生，如果不是这样，你应该不会有任何感觉。一种情绪可能与你生活中的一个重要目标、一种特定的不安全感或一段你珍视的关系有关。问自己一个问题："为什么我会情绪化？"这对于弄清楚自己的现状是一个很好的方法。如果你能搞清楚其中的利害关系，那你或许能够更熟练地解读情况。

罗伯特把这个阶段称为"填空"。因为我们对一种情况的观察很少是完整的，常常直接跳过了这一步，妄下定论。很多情境都是模棱两可和不清楚的，在这幅模棱两可的画布上，我们可以投射出各种各样的想法。如果只是进行了一些草率的观察，我们可能无法掌握关于实际情况的所有信息，然后导致草率的结论。

在克拉拉的这个情况下，她可能会想：为什么那句话让我如此生气？是因为我的姐姐吗，还是因为我和安吉拉之间的问题，或者只是因为安吉拉？我的感觉非常强烈，这对我来说为什么如此重要呢？

对于她的姐姐，她可能会想：弗朗西斯这么做是故意要伤害我，还是她真的认为这样做是为了帮助安吉拉？是不是因为她怨恨我不让她过多地参与安吉拉的生活？有没有可能是因为她觉得自己作为一个能提供有用建议的大姐却不够被重视？

我们在"填空"的时候有时会把"小土堆当成大山"——小题大做。我们经常会被压力的消极方面所困扰，把一件小而可控的事情变成一件巨大的、让人无法承受的事。

仅仅提出一个问题——我在这里假设的是什么？——就能让我们更加接近现实？假设是造成大量误解的根源。正如那句老话所说："不要老是假设，'假设'（assume=ass+u+me）让'你'（u）和'我'（me）都变成了'蠢驴'（ass）。"

但我们也有可能在相反的方向上犯错，把"真正的大山当成了小土堆"，就像阿比盖尔的例子一样，她发现自己乳房有个肿块，却没有告诉任何人。如果我们试图最小化或回避思考一个大问题，我们可能会完全忽视它。

解读阶段最重要的是扩大我们的理解，超越我们最初的自动知觉。要从更多的角度去思考，即使这些角度让人不舒服。要问自己：我可能在这里忽略了什么？

再次强调，这是一个应该关注我们自己情绪的地方。当你感到一阵恐惧、一阵愤怒或一种不祥的预感，将其视为一种信号，对这种情况多一点儿好奇心，不仅要思考压力源本身，还要思考你自己的情绪现实：为什么我会有这种感觉？这些情绪从何而来？什么才是真正的关键所在？这种情况对我来说有什么挑战性？

第三阶段：选择（从选项中选择）

你已经做出了观察，也解读（然后重新解读）了情况并扩大了视角，现在问题变成了：我应该怎么做？

当我们处于压力之下时，我们有时会发现自己在考虑选项之前就做出了反应，甚至没有考虑到我们可能有其他选择。放慢脚步可以让我们考虑各种可能性，并思考这些可能性的成功概率：鉴于利害关系和我所掌握的资源，在这种情况下我能做什么？这样做可能会产生什么比较好的结果？我采取这种方式而不是别的方式回应，事情顺利进行的可能性有多大？

在选择阶段，我们要明确我们的目标是什么以及我们有什么资源可以使用。我想实现什么？我怎样才能最好地完成这个目标？我是否有可以帮助我实现这个目标的优点（例如，幽默和缓和气氛的能力）或会阻碍我的缺点（例如，受到批评时容易发火）？

比方说，克拉拉已经和母亲谈过并得到了一些信息。她意识到弗朗西斯真的很担心安吉拉，但弗朗西斯不明白这与教育自己的孩子不同。克拉拉意识到她有不止一个目标：她希望能与姐姐保持良好的关系，保护女儿不受批评，同时也希望能对自己作为母亲的能力感到满意。

所以现在克拉拉开始思考她应该怎么做：做出什么选择？以及每一个选择带来积极结果的可能性。克拉拉担心如果她什么都不做，弗朗西斯会继续批评她的孩子，并指责她不是一个好家长，所以她决定说点什么。但是怎么说？什么时候说？她们经常互相打趣，但克拉拉在感情受到伤害时不喜欢开玩笑，她知道任何玩笑听起来都是一种被动攻击，会让事情变得更糟糕，所以她决定等到她和弗朗西斯单独在一起的时候再和她谈。在思考这次谈话的时候她意识到，对于她和安吉拉之间的一些问题，弗朗西斯可能是一个有用的传声筒，但她显然不希望弗朗西斯给她建议。

克拉拉在这个阶段必须做出选择。一个回应可能不会使这件事结束，没有一种方法本身可以有效地解决一个复杂情况下或长时间的关系中的所有挑战。在接下来的几个月里，克拉拉可能会对她的姐姐尝试多种策略。当然，情况也可能会发生变化，她姐姐也可能在教育自己孩子的问题上遇到困难，这也可能会改变克拉拉对她姐姐的反应。

策略的选择是具有显著个体差异的，文化规范和我们的个人价值观在这里发挥着重要作用。在一些文化中，直接与人对质被认为是不礼貌的行为，而在另一些文化中则被视为成熟与真实的表现。通常情况下，这可以归结为由经验磨砺出的直觉——此时此刻，什么是应对这种情况的最佳方式。

使用 W.I.S.E.R. 模型作为应对压力的指南有时候也会遇到困难。因为压力有时候可能来得太快，以至于你都没时间放慢你的反应速度，或者随着时间的推移，压力源可能会反复出现并演变，所以你需要随着情况的变化重新审视这些阶段。关键是在你能做到的能力范围内尽量把事情放慢、放大来看，把完全自动的反应转变为与你本身的样子以及与你希望实现的目标相一致的更深思熟虑、更有目的的反应。

第四阶段：参与（谨慎实施）

现在是时候尽可能巧妙地使用你选择的策略做出反应了。如果你花了一些时间来观察和解读情况，并且花了一些精力来考虑各种选择及其成功的可能性，那么你的回应更可能会成功。但是，空谈不如实践。如果我们在实施策略时做得不好，即使是最符合逻辑的回应也会失败。实践——无论是在我们的脑海中还是在值得信任的知己面前演练——才会有所帮助。如果我们首先反思我们做得好的地方和做得不好的地方，成功的机会也会增加。有些人很有趣，所以我们知道他们会懂我们的幽默；有些人说话很温和，因此在私人环境中安静地讨论会更舒服。

在只有克拉拉和弗朗西斯两人在厨房洗完盘子后，克拉拉鼓起勇气和弗朗西斯说了些什么。她很直率也很冷静，虽然她仍然有情绪在，但是把情绪放在了心里。起初一切顺利，弗朗西斯为自己提供了"不请自来"的建议而道歉（她也一直在思索自己刚刚的话，并且为说了这样的话感到难过），她们两人一致表示想为安吉拉做最好的事，克拉拉分享了最近遇到的一些问题，弗朗西斯对此表示理解。然后克拉拉说安吉拉是她的孩子，不是弗朗西斯的孩子（这在她看来完全没问题！），这话一出情况立刻发生了变化。弗朗西斯在工作上承受着很大的压力，与丈夫的争吵也比平时多，所以克拉拉的话触动了她的神经。她们俩又开始争吵，然后被她们的母亲进来打断了。

她们的母亲说："我有点喜欢你们吵架的样子。"

"喜欢？为何？"

"这让我想起了你们小时候，我感觉自己又回到了35岁。"

她们被母亲的话逗笑了，但笑容没有持续多久，两姐妹带着强烈的情绪离开了厨房，事情还没有完全解决。

第五阶段：反思（马后炮式分析）

结果如何？我让事情变得更好了还是更糟了？对于我所面临的挑战和最佳对策我是否有了新的认识？

反思我们对挑战的反应可以为未来带来好处，前车之鉴使我们变得更聪明。我们不仅可以对刚刚发生的事情进行反思，还可以对过去发生并留在我们记忆中的大大小小的事进行反思。请看下面的清单，并用它来反思一个困扰你的事件或情况。

观察
我是直接面对这个问题，还是回避它？
我有没有花时间对形势做出准确的评估？
我和相关人谈过了吗？
我是否咨询过其他人以了解发生的事情？

解读
我是否意识到在这种情况下我的感受以及这对我来说意味着什么？
我愿意承认我在这件事上的作用吗？
我是否过于关注自己的想法，而对周围发生的事情关注不够？
是否有其他方法可以理解在这种情况下发生了什么？

选择
我是否清楚我想要的结果？
我是否考虑了所有可能的应对方案？
我是否很好地确定了可以帮助我的资源？
我是否权衡了实现目标的不同策略的利弊？
我是否选择了能最有效地应对当前挑战的工具？
我是否应该或应该何时对这种情况采取行动？
我是否考虑过还有谁可以参与解决这个问题或迎接这个挑战？

参与
我是否练习了我的反应或由一个值得信赖的知己陪我练习以增加成功的可能性？
我采取的措施对我来说是现实的吗？
我是否评估了进展以及是否愿意根据需要进行调整？
哪些步骤是我匆忙完成、搞砸或跳过的？我在哪些方面做得好？

反思
根据我刚刚反思的所有内容，下次我会怎么做呢？
我学到了什么？

请不要被问题清单或 W.I.S.E.R. 模型中问题的数量吓到，W.I.S.E.R. 模型中的许多步骤可能是你已经本能地做了的事情，90% 的日常生活不需要这种思考。当你感到卡住或发现自己的行为方式对自己不利时，才需要用这个模型和这个问题清单来指导生活中剩下 10% 的问题。

一切都结束后，思考发生了什么以及为什么，有助于我们看到自己可能错过的东西，并帮助我们了解这些可能没有被我们注意到的情绪连锁反应的原因和影响。如果我们想从过去的经验中吸取教训并在下次做得更好，我们要做的不只是经历它，还必须进行反思。这样一来，当下次发现自己处于类似的时刻时，我们也许可以多花一瞬间去观察情况、明确目标、考虑应对方案，并将我们生活的指针移向正确的方向。

摆脱困境

W.I.S.E.R 模型应用于关系挑战是最切合的。但是压力有各种各样的形式，其中许多涉及我们人际关系中更长期的模式。有时我们会在一段关系中反复遇到类似的事情，同样的争吵、同样的烦恼、同样的一连串无益的反应。我们最终会觉得我们没有前进，我们无法想象走出当前的窠臼。罗伯特和马克把这种感觉称为"停滞"。

我们在哈佛研究的参与者和前来寻求心理治疗的人身上都看到了这一点，它可能无法被准确描述，但是人们经常感到生活停滞不前。他们可能会发现自己一遍又一遍地与伴侣产生相同的分歧，甚至无法进行下一个不激烈的简单对话。在工作中，他们可能会觉得老板经常事无巨细地管理和找碴，导致自己产生了一种难以克服的无价值感。（事实上，陷入工作关系困境是最令人困扰的，详见第9章。）

例如，第2章中的约翰·马斯登在80岁出头时发现自己非常孤独，部分原因是他和妻子陷入了一个循环：彼此都不给对方最需要的东西——情感和支持。

问：当你不高兴的时候，你会不会去找你妻子？

答：不会，绝对不会。我不会得到任何同情，还会被告知这是软弱的表现。我的意思是，我无法告诉你我整天收到的负面信息……它是如此具有破坏性。

约翰正在思考他现实生活中和伴侣的真实对话，但不知不觉中，他也在构建那个现实。他与妻子的分离成了一个自我实现的预言，他把与她的每一次新的接触都看作他结论的证明：她不想和我亲近，我不能把我的感情托付给她。

正如现代禅师奥村正博（Shohaku Okumura）所写："我们生活的世界是由我们创造的世界。"

和许多佛教教义一样，这里有双重含义。我们生活的世界是人类在物质上创造的，但每时每刻我们也在通过给自己讲故事——个人的和集体的——在脑海中创造一幅世界的图景，这些故事可能是真的，也可能不是真的。

没有两段关系是一样的，但一个人经常会在不同的关系中陷入相似的境地。有句老话说得很对："我们永远在打上一场仗。"我们倾向于认为以前发生在我们身上的事情会再次发生，不管情况是否如此。

从本质上说，停滞感来自我们生活中的模式。有些模式可以帮助我们高效和快速地驾驭生活，但有些模式会让我们做出对自己不利的反应。这些模式可能包括把时间花在错误的人身上——错误的朋友，甚至错误的伴侣。这些模式绝不是随机产生的，它们往往反映了我们过去所关注的和挣扎的部分，某种程度上我们对此感觉像回到家一样熟悉。它们就像一套写进了肌肉记忆里的舞步让我们沉沦。熟悉感在与某人的交谈中被唤醒，即使情绪是负面的，但是这种熟悉感会带来一种慰藉——哦，又来了，我知道这支舞。

我们大多数人都会在某种程度上感到停滞，所以问题实际上是这种感觉的强度。它是否持续降低你的生活质量？它是否无处不在并且塑造了你日常生活的许多或绝大部分？

罗伯特早年也陷入了一种模式。他曾和一些女人约会，但他的朋友总是对他选择的女人感到惊讶，他和伴侣的关系一直在恶化。他感觉被困住了，开始接受心理治疗，在向治疗师描述每一段失败的感情时，他发现这些失败不是巧合，也不是一连串的坏运气。他的心理医生帮助他认识到，他一直在一次又一次地选择同一类型的人——一种不适合他的人。从你信任的人那里获得对生活的真诚看法对你摆脱困境非常有启发性。这些值得信任的观察者几乎肯定会看到你看不到的东西。

你也可以自己做这样的事情。问问自己，如果别人给我讲这个故事，我会怎么想？我会告诉他们什么？这种自我疏离的反思可以为旧故事提供新的视角。

意识到你自己可能没有看到全貌，是摆脱束缚我们的思维模式的重要第一步。禅宗大师铃木俊隆（Shunryu Suzuki）教导我们，对待生活中的一些情况，要像你以前从未经历过一样——这是一件积极的事情。他写道·"在初学者的心目中，可能性很多，但在专家的心目中，可能性很少。"当涉及我们自己的生活时，我们都觉得自己是专家，而挑战在于保持开放的心态，我们可以更多地了解自己——让自己成为初学者。

人际关系、适应和世界灾难

当新冠大流行在 2020 年席卷全球时，社交隔离、财政紧张和持续的担忧对全球社会造成了巨大冲击。随着大流行和封锁的持续，世界各地的孤独和焦虑情绪激增，压力水平飙升。从许多方面看，这是一个自二战以来世界上所经历的最大规模挑战。

当新冠大流行开始时，我们回顾我们的研究记录，再次阅读我们最初的研究参与者告诉我们的关于他们如何度过重大生活危机的内容。他们是在美国大萧条时期长大的，大多数都曾在二战中服役。他们中的大多数人回忆说，为了度过这场巨大的危机，他们依靠的是他们最重要的关系。参加过战争的人谈论他们与战友之间建立的情感纽带，以及这些纽带对保持他们的安全和精神正常是多么重要。战争结束后，许多人谈到，能够与他们的妻子至少分享部分经历是多么重要。事实上，这样做的人更有可能维持婚姻。在那些艰难的时刻以及后来处理这些问题时，他们从其他人那里得到的支持是至关重要的。我们今天也发现了这一点。

新冠大流行冻结了我们的生活，把我们与同住的人关在一起，让我们与习惯了每天见面的朋友和同事分开。我们从未想过要每天24小时与配偶和孩子待在一起，但我们不得不这样。许多老年人做梦也没想到，他们会与心爱的孙辈们分开超过一整年的时间。

灵活性变得比以往任何时候都更加重要。为了生存，我们必须给彼此空间，对彼此宽容。如果我们需要和配偶保持距离，可能并不是因为这段关系出了什么问题，只是因为那是非常时期。

遗憾的是，新冠大流行不会是最后一次全球性灾难，也不会是最后一次大流行病。这些事情还会继续发生……然后消失。这就是人生的本来面目。

哈佛研究告诉我们，当事情不顺的时候，依靠那些能够支撑我们的关系是至关重要的，就像这些研究对象在大萧条、第二次世界大战和2008年的经济危机期间所做的那样。在新冠大流行期间，这意味着我们需要以一种有目的的方式与那些突然不得不远离的人保持联系——发短信、视频聊天或打个电话。不要只是想着相隔万里的朋友，还要做出行动。这也意味着对我们所爱之人要有耐心，并在我们需要帮助的时候向他们寻求帮助。同样的道理也适用于下一次危机、再下一次危机。

人际关系帮助我们应对重大挑战的观点是马克躬身实践的结论。

1939年12月，就在阿利·博克采访哈佛大学二年级学生"是什么使人健康"的时候，马克的父亲罗伯特·舒尔茨当时只有10岁，正和他的姐姐在一艘客轮上横渡大西洋。他们出生在汉堡的一个犹太家庭，逃离纳粹德国来到美国，当时只有身上的衣服和两个小行李箱，不知道该做什么。

但他们活了下来。其中一个主要原因是：马克的祖母天生就有与人建立深厚联系的习惯。

马克的父亲还记得小时候在汉堡的田园生活。尽管他的父亲在他还很小的时候就去世了，但他的家人和朋友都在身边陪伴着他。日子过得很好。他的家族纺织生意蒸蒸日上，他还喜欢体操和弹钢琴。马克经常听他谈起汉堡的美丽、城市中心的湖泊，还有杏仁糖——一种甜甜的杏仁味德国美食，是他童年早期的主要食物。

他总是说，他那时候过得很幸福。

但随着纳粹权力壮大，开始了针对犹太人的运动，情况开始发生变化。铭刻在他记忆中的是 1938 年 11 月他 9 岁时一个特别可怕的日夜。在那个后来被称为"水晶之夜"的恐怖夜晚，他家附近的许多犹太人房屋、商店和教堂被摧毁。第二天，盖世太保（即德国纳粹秘密警察）来到他的学校，围捕了许多犹太教师和学生。

当整个城市都在驱逐和拘留犹太人的时候，马克的祖母联系了她的好朋友，那是一个在街边经营乳制品的德国家庭。他们同意把马克的父亲及其家人藏在牛奶厂的地下室里。如果没有这种善良和运气，他们就不可能活下来。

直到今天，马克仍与那个德国家庭的后代保持联系，他们从他们的父母和祖父母的角度讲述了同样的故事，那个德国家庭在那个时刻做出了一个决定——冒着极大的风险保护他们的朋友。这是一个可能让他们付出生命代价的善举。没有他们，马克就不会存在。

接受大风险

我们在日常生活中面临的问题是：当我们面对个人或全球性的挑战时，当别人伤害我们时，或者当我们发现自己伤害了别人时……我们该怎么办？

人类是神秘、奇妙、危险的生物。我们既脆弱又无比坚韧，我们有能力创造宏伟的美丽，也可能造成巨大的破坏。

这是宏观的方面。但如果我们把镜头放大一点儿，把焦点放在一个人的生活上——比如说你的生活，甚至你生活中的小事件和压力上，关于我们是谁的复杂性仍然存在。

如果你和大多数人一样，那么你至少会不时感到很难理解你生活中的人——从你最爱的人到你几乎不认识的人，要真正与他人建立联结并了解他们是很困难的。爱与被爱都很难，要保持不把爱推开也很难。

但做出努力可以带来快乐、新奇和安全感——有时甚至可以挽救生命。放慢脚步，试着看清困难的情况，培养积极的人际关系，可以帮助我们应对这些波动，无论它们是来自政治危机，来自在全球传播的奇怪病毒，来自对自己到底是谁的反思，还是来自家庭烧烤时的一时愤怒。我们最初的、自动的反应并不是我们唯一的反应方式。认识到这一点可以让我们在面对挑战时、面对坏运气时、面对自己不断重复的问题时甚至面对自己的错误时暂停下来，并规划出一条前进的道路。

在接下来的章节中，我们将讨论如何将迄今为止讨论过的观点应用于特定类型的关系中。每一种关系都会有不同之处。家庭关系不同于工作关系，工作关系不同于婚姻关系，婚姻关系又不同于朋友关系。当然，有时这些类别是重叠的，我们的家人也可能是我们的同事，我们的兄弟姐妹也可能是我们最好的朋友。尽管如此，宽泛的分类对考虑问题还是有帮助的，同时也要记住，每一种关系都是独特的，需要你的特别关注和适应。在下一章中，我们将从最贴近你内心的地方——你身边的人——开始。

7

你身边的人

亲密关系如何塑造我们的生活

当我们还是孩子的时候，我们常常认为，当我们长大了，我们就不再脆弱了。但成长就是拥抱脆弱……或者说活着就是脆弱的。

——麦德琳·兰歌

哈佛研究问卷（1979）

5．我们对婚姻和谐的高峰和低谷非常感兴趣。请在对应的表格标出你最长或唯一的一段婚姻状态：

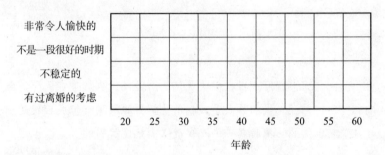

非常令人愉快的								
不是一段很好的时期								
不稳定的								
有过离婚的考虑								
20	25	30	35	40	45	50	55	60

年龄

在柏拉图的《会饮篇》（*Symposium*）中阿里斯托芬谈论了人类起源的问题。他说，一开始每个人类都有四条腿、四条手臂和两个头，他们是强壮而有野心的生物，宙斯为了削弱他们可怕的力量把他们从中间分成了两半，于是现在人类只用两条腿走路，并且每个人都在寻找自己的另一半。"'爱'是我们追求完整、渴望完整的代名词。"柏拉图如此总结。

千年以后，这个想法仍然能引起共鸣。

"珍是我的另一半，"来自波士顿内城区的一位参与者迪尔·卡森在被问及他的妻子时告诉哈佛研究人员，"每天晚上我们都坐下来喝杯酒。这是一种仪式，我觉得如果没有它一天就不完整。我们谈论我们的感受和正在发生的事情。如果我们当天发生了争执，我们会在此刻讨论它。我们谈论计划，谈论孩子。它使一天变得圆满，抚平了粗糙的棱角。如果让我重新来过，毫无疑问，我一定还是会娶她。"

我的另一半……当被问及他们的伴侣时，许多哈佛研究的参与者都表达了这一情感。正如柏拉图所言，最深刻、最积极的亲密关系往往给参与者一种平衡和合一的感觉。

不幸的是，世上不存在达成幸福的伴侣关系、浪漫关系或者幸福婚姻的通用公式，无法仅凭一把魔法钥匙就为每个人打开亲密陪伴的乐趣。两个"一半"结合在一起的方式因文化而异，当然也因特定的某段关系而异。甚至从一个时代到另一个时代、从一代人到另一代人，关系的形式也在发生变化。例如，大多数哈佛研究的最初参与者选择在人生的某个阶段结婚，部分原因是婚姻是当时最能被接受的承诺的表达方式。如今，承诺关系形式更加多元，正式的婚姻变得没有那么常见了。在 2020 年的美国，51% 的家庭男女没有正式结为夫妻。在 1950 年，这个数字不到 20%。但是，话说回来，亲密关系形式上的变化不一定意味着感觉上的变化，人类情感在很大程度上是不变的。即使在看似"传统"的婚姻范围内，也可能存在很多变化。爱有千种形式。

以詹姆斯·布鲁尔为例，他是这项研究的大学生参与者之一。他来自印第安纳州的一个小镇，初到哈佛时，他是一个聪明但仍然天真的年轻人，没有什么生活经验。他告诉研究者，他无法理解"异性恋"这个概念。任何人都被限制为只能和一种性别的人发生性关系是毫无意义的——在他看来，美就是美，爱就是爱；男人和女人都能吸引他，难道不是每个人都应该如此感觉吗？他向他的朋友和同学们开诚布公，直到他开始遭到抵制，然后是对他的严重的偏见，之后他开始隐藏自己的性取向。大学毕业后不久，他娶了玛丽安，双方情投意合，他们有了孩子，一起过着充实的生活。但在1978年，他们结婚31年后，玛丽安因乳腺癌去世，时年57岁。

当研究者问詹姆斯他认为他们的婚姻为什么能持续这么久时，他写道：

> 婚姻能维持这么久是因为我们经常分享。她会把好书的重要部分读给我听。我们谈论城堡和国王，讨论卷心菜和许多其他的东西。我们观察并比较我们所看到的……我们喜欢一起吃饭，一起出去玩，一起睡觉……我们的派对，我们最好的派对，都是自发的，只为我们两人创造的，通常是给彼此的惊喜。

在玛丽安去世3年后，一位哈佛研究人员拜访了詹姆斯的家。访问期间，詹姆斯让研究人员跟着他走进一间灯火通明、鸟儿叽叽喳喳的房间。窗户旁边有几只鸟笼，房间中央布置着几条绳索织成的网格和几株人造树。当他打开鸟笼喂食时，鸟儿们落在了他的身上。他告诉研究人员，这些是他妻子之前养的鸟，他仍然陷于悲痛之中，甚至无法说出她的名字。当被问及他目前的感情生活时，他说他曾有过几段短暂的恋情，很多人将他视为同性恋，虽然目前没有恋爱，但他尚未放弃这种可能。他说："我相信终会有一个人，向我走来并触及我真心。"

任何一个爱过别人的人都会明白，追求亲密关系并非没有风险：敞开心扉享受爱与被爱的快乐，同样会将我们置于被伤害的风险之中。与另一个人越亲近，我们就越容易受到伤害。但即使如此，我们仍愿承担风险。

本章深入探讨了亲密关系的深层含义以及亲密关系对幸福的影响。我们鼓励你结合自己的个人经历来看待我们在接下来的几页中所讲述的内容，并试着找出你在亲密关系中成功和面临挑战背后的一些原因。正如哈佛研究参与者的生活所展示的那样，认识和理解你的情绪以及这些情绪如何影响你的亲密伴侣——你身边的人——可以对你的生活产生微妙但深远的影响。

亲密关系，让自己被了解

几十年来，我们一再地询问研究的参与者及其伴侣关于亲密关系的一系列问题。这让我们得以看到每一段独特的情感轨迹——心动、紧张和爱，从一段关系的开始到结束。这些关系包含最初的短暂而热烈、之后的漫长和消沉，以及介于两者之间的一切。接下来是介于两者之间的一个例子。

约瑟夫·西奇和他的妻子奥利维亚于1948年结婚，2007年他们结婚59周年后奥利维亚去世。他们的婚姻因为他们稳固的伴侣关系和他们两个人在一生中相互扶持的方式而具有代表性。但他们的关系之所以具有代表性还有另一个原因：它远非完美。

多年来，每当研究人员向约瑟夫了解情况时，他都表示自己对生活感觉良好。他有自己喜欢的事业，3个可爱的孩子，以及与妻子的"平和"关系。2008年，我们请他们的女儿莉莉回忆她的童年，她告诉我们，她不能想到有比她的父母更平和的已婚夫妇，她不记得他们有过任何一次争吵。

多年来约瑟夫向研究者给出了一致的陈述。1967年，46岁的他得意扬扬地告诉研究者："我是世上最容易相处的人。"他说，他爱他的妻子奥利维亚，爱她本身的样子，他不会要求她做出任何改变；他给予他的孩子和任何人一样的尊重，在孩子需要的时候提供指导，但不会试图控制他们；在他的工作中，他尽可能地倾听他人的观点，然后才提出自己的看法。他说："唯一有效的说服方式是共情。"

这是使约瑟夫一生受益的哲学。他喜欢倾听和了解人们的经历。我们一直认为，理解他人的感受和想法对我们的人际关系是有益的，约瑟夫就是一个很好的例子。但是对于每一个与约瑟夫亲近的人来说，这种对他人的兴趣和倾听的能力与一个问题并存：他害怕向别人敞开心扉，甚至是他所爱之人。

这当中包括他的妻子奥利维亚。

"我们婚姻中最大的压力不是冲突，"约瑟夫告诉研究者，"奥利维亚对我不愿向她敞开心扉感到沮丧，她觉得自己被拒之门外。"她很坦诚地告诉他这对她有多重要，约瑟夫也很清楚她的担忧，他好几次向研究者说，奥利维亚经常告诉他要真正了解他是多么困难。"我比较独立。"他说，"我最大的缺点是不依赖任何人，天生就是这样。"

约瑟夫对他人很敏感，他能看到并善于表达他人与他之间的问题，但他始终无法克服一个核心的、根深蒂固的恐惧，这种恐惧并不罕见：他不想成为一个负担，或者感觉到自己不是完全独立的。虽然约瑟夫毕业于哈佛大学，但他出身贫寒。他告诉研究者，他从小就在家里的农场里学会了独立自主的价值。在农场里，他一连好几天独自操作马拉犁。他的父母都在农场忙着自己的工作，因此他们只能指望约瑟夫自己照顾自己。作为一个成年人，约瑟夫认为他应该独自处理他遇到的任何问题——情感上的或其他方面的——他不觉得这有什么不妥。

2008 年，他 50 多岁的女儿莉莉在接受研究者访谈时表示，她仍然对这种理念感到遗憾。她的父亲总是在她需要的时候提供切实的支持，她觉得她可以在任何时候依靠他（事实上，她确实依靠了他；他帮助她度过了一段艰难的婚姻和她人生中最艰难的时期），但她从未觉得自己完全了解他。

72 岁时，当被问及他与妻子的关系时，约瑟夫告诉研究者，他们的婚姻很稳定，但他们之间也有一种脱节的感觉。"没有什么东西能把我们分开，"他说，"但我们似乎也没有紧密相连。"

约瑟夫年轻时就决定，在他的关系中，有两件事比什么都重要：保持平和与独立自主。对他来说，最重要的是他的生活和家人的生活要比其他一切都稳定。这并不一定是错的。从很多方面来说，他的生活是美好的。他爱他的家人，彼此都很忠诚。约瑟夫以一种让他感到安全的方式过着自己的生活，而且在某种程度上他的做法避免了冲突，这对他来说是有效的。有一个几乎没有分歧的婚姻也不是坏事。但是，始终保持平和需要付出代价吗？约瑟夫如此呵护自己的内心体验，不愿分享它——不敢敞开心扉——是不是就拒绝了他和奥利维亚在亲密关系中能彼此享受的全部益处？

我们很多人的生活中都有这样的人，我们应该知道，这并不一定意味着他们不在乎。但至少对于奥利维亚来说会有一种不完整的感觉，因为亲密关系的基石是了解他人和被了解的感觉。事实上，"亲密"一词来源于拉丁文"intimare"：被知晓。对另一个人的亲密了解是浪漫爱情的一个特征，但它也不止于此。这是人类经历中最重要的一部分，早在我们初吻之前、早在我们考虑结婚之前、早在生命的最早期就开始了。

亲密依恋:"陌生的情境"

从我们出生的那一刻起,我们就开始寻求与他人的亲密联系,无论是身体上的还是情感上的。生命起初是无助的,依赖他人而生存。我们在婴儿时期遇到的几乎所有事情都是非常新奇的,并伴有潜在的威胁性,因此我们必须在生命的最初几天就与至少一个人建立起牢固的联系。与我们的母亲、父亲、祖父母或阿姨亲近是一种慰藉,这为我们提供了一个远离危险的避难所。随着我们的成长,我们可以探索舒适区之外的世界,知道就算事情变得可怕我们仍有一个安全的地方可以去。小孩子的生活简单明了,这为观察人类情感联结的基础提供了一个很好的机会。这一时期的生活生动地展示了一些关于亲密情感纽带的核心真理,这对成年人和儿童都具有重要意义。

20世纪70年代,心理学家玛丽·爱因斯沃斯(Mary Ainsworth)设计了一个实验室情境,用于揭示婴儿如何对周围的世界以及他们最依赖的人做出反应,称为"陌生情境实验"。它在几十年间不断被证明是非常有效的,以至于在50多年后的今天仍然被用于研究中。它主要的流程是这样的:

一个婴儿——通常在9~18个月大,在其主要看护者的陪同下,被引导进入一个有一些玩具的房间。婴儿在房间里与看护者互动并玩了一会儿玩具后,一个陌生女性进入房间。起初,这个陌生人只做自己的事情,让孩子逐渐习惯她的存在,然后她会尝试与婴儿互动并建立联系。过了一会儿,婴儿的看护者离开房间。

现在婴儿发现自己在一个陌生的地方,和一个陌生的人在一起,身边没有一个她觉得亲近的人。通常情况下，婴儿会立即表现出不舒服的迹象，并开始哭闹。

不久之后，看护人回来了。

接下来发生的事情是进行这项实验的一个关键原因。这个孩子身处一个陌生的情境，经历了一些压力，现在她的看护人已经回来了。研究人员故意破坏了婴儿的安全感和联结感——尽管是短暂的——而孩子需要重新建立这些。她将如何做出反应？婴儿试图与赖以生存的人保持联结的方式——她的依恋风格——被认为揭示了孩子如何看待她的看护人以及她自己。

安全基础

我们每个人都有一种特定的方式来与我们需要的人保持联结。依恋风格不仅可以帮助我们理解童年早期，也与理解我们一生中如何处理人际关系有关。

当看护者离开时，孩子感到不安是正常的，事实上这就是健康的、适应良好的孩子的表现。当看护人回来时，孩子会立即寻求接触，并在得到接触后冷静下来，回到内心平静的状态。孩子在这种"重逢"中寻求接触是因为她将看护人视为爱和安全的来源，也觉得自己应该得到这种爱。表现出这种依恋行为的孩子被认为具有安全依恋风格。

但是，缺乏安全感的婴儿会以两种不同的方式来应对这种不安全感：表达焦虑或者回避。当看护者回到他们身边时，焦虑型的婴儿会立即寻求接触，但很难被安抚。而回避型的孩子表面上可能对看护人的存在并不在意，当看护人离开房间时他们可能很少表现出外在的痛苦，并且在看护人回来后他们可能也不会寻求慰藉，他们有时甚至会在"重逢"时离开看护人。看护人可能会认为这意味着孩子并不在乎，但在这种情况下表象可能具有欺骗性。依恋研究者推测，这些回避型儿童其实会在意看护人的离开，但他们已经学会了不对看护人提出太多要求。根据依恋理论，回避型的儿童这样做是因为他们已经感受到表达自己的需求可能并不会得到爱，还可能会让看护人离开自己。

在现实生活中，孩子们会反复遇到各种各样的"陌生情境"。例如，他们被送到托儿所，然后在一天结束时被接走。每一次这样的遭遇都塑造了他们对未来关系的期望。他们会对他人提供帮助的可能性产生一种感知，也会对自己是否值得得到支持形成一种判断。

从某些基本方面来看，成年人的生活是现实世界中一个高度复杂的"陌生情境"版本。就像每个与父母分离的孩子一样，我们每个人都渴望安全感，或心理学家所说的安全依恋基础。一个孩子可能会因为母亲不在房间里而感受到威胁，而一个成年人则可能会因为看到可怕的健康诊断而感受到威胁，两者都会因为知道有人陪伴在他们身边而感到慰藉。

但是对于成年人来说，依恋安全也是因人而异的，许多人在依恋关系中并不感到完全安全。一些人可能会在压力大的时候依赖他人，却很难找到所寻求的慰藉；而另一些人，比如约瑟夫·西奇，可能会回避过于亲近的行为，因为在内心深处害怕如果自己成为他人的负担就会让他人离开自己，或者我们可能不相信自己是完全值得被爱的。然而我们仍然需要与他人联结。随着年龄的增长，生活变得更加复杂，但拥有安全的联结所带来的好处会一直存在于生命的每个阶段。

第1章里的亨利和罗莎就是拥有安全联结的两个典型例子。每当他们一起面临困难时——从他们的一个孩子患上小儿麻痹症，到亨利被解雇，再到面对自己的死亡，他们都能向彼此寻求支持、慰藉和勇气。

对于婴儿和成年人来说，这一过程的发展通常是相似的：压力或困难扰乱了我们的安全感，然后我们会寻求恢复这种安全感。如果幸运的话，我们可以通过从亲近的人那里获得慰藉来做到这一点，然后我们就会回到身心平衡状态。

在我们对他们的最后一次采访中，亨利和罗莎坐在他们的餐桌旁，保持着身体上的接触——特别是在回答有关未来健康挑战和自己的死亡这类比较困难的问题时。在采访的大部分时间里，他们都是手牵着手。

这种最简单的手势——握住伴侣的手——是进入成人亲密依恋世界的一个重要入口。在陌生的情境下，当一个安全依恋的孩子寻求她的看护者并因得到了一个拥抱而感到慰藉时，益处不仅体现在生理上，也同样体现在心理上。他的身体和情绪都因此平静了下来。成年人也是如此吗？当有人握住我们的手时究竟发生了什么？

爱的接触：等同于良药

詹姆斯·科恩（James Coan）进入依恋研究领域纯属偶然。他想知道患有创伤后应激障碍（一种以闪回、噩梦和对创伤事件的担忧为特征的心理健康状况）的人的大脑中发生了什么，他通过扫描他们的大脑以寻找线索。他希望通过更好地了解他们的大脑活动，可以设计出新的治疗方法以减轻他们的痛苦。他的研究参与者之一恰好是一位有丰富战斗经验的越战老兵，他拒绝在妻子不在场的情况下参与研究。科恩非常希望他能参与这项研究，因此很乐意做出让步使研究得以继续。因此当该男子躺在磁共振仪中时，他的妻子坐在他的身边。

核磁共振仪的声音很大，当检测开始时，这名男子变得焦躁不安，不想继续。坐在他身旁的妻子察觉到了他的焦虑，本能地握住他的手。这使他平静下来，得以继续完成检测。

科恩对这种效应很感兴趣，当研究结束后，他开发了一项新的大脑成像研究，想看看是否能找到一些关于这个现象的神经证据。

新实验的参与者进入核磁共振仪中，他们被展示两张幻灯片中的一张。红色幻灯片意味着他们有 20% 的概率会受到轻微电击，蓝色幻灯片意味着他们不会受到电击。

参与者被分为三组：在实验过程中，第一组参与者独自待在房间里完成实验，第二组参与者握着一个完全陌生人的手，第三组参与者则握着他们配偶的手。

结果非常清楚地表明：与他们感觉亲近的人握手可以使参与者大脑中恐惧中枢的活动平静下来，并减轻他们的焦虑。但也许最值得注意的是，与他们感觉亲近的人握手实际上减少了参与者在受到电击时所感受到的疼痛程度。虽然握着陌生人的手也有着类似的效果，但对于亲密伴侣来说（尤其是那些对关系更满意的人），这种效果尤其明显，这让科恩得出结论：在医疗过程中握住爱人的手具有与轻度麻醉剂相同的效果。研究参与者的关系状态实时地影响着他们的身体。

不只是感觉

关系存在于我们的内心。仅仅是想到一个对我们很重要的人，就会产生荷尔蒙和其他化学物质，这些物质在我们的血液中流动，影响我们的心脏、大脑和许多其他身体系统。这些影响可能会持续一生。正如我们在第 1 章中提到的，乔治·维兰特通过哈佛研究的数据发现，50 岁时的婚姻幸福感比胆固醇水平更能预测其晚年的身体健康状况。

虽然科恩能够在实验室里分析亲密关系对一个人大脑的影响，但我们显然不能（或者说目前还不能）在第一次约会时，或在停车场与伴侣发生争执时，将自己放入核磁共振仪中。幸运的是，无论我们的年龄如何，都有另一种诊断工具——这是所有亲密依恋的根源——只要我们稍微关注一下就可以使用：

情绪。

在生活中的任何情况下，情绪都是一个信号，表明有对我们来说重要的事情正在发生，而当涉及亲密关系时，它们尤其能显示出来。如果我们花一些时间停下来审视一下这看似简单的事情——我们的感受，我们就能开发出一种无价的生活技能：透过表面观察我们的关系的能力。我们的情绪可以指向我们隐藏的真相，我们的愿望和恐惧、我们对他人应该如何表现的期望，以及我们以某种方式看待伴侣的原因。

想象一下：当潜水员潜入水中时，他们的手腕上有深度指示器；但他们也能通过自己的身体感受水的深度——潜得越深，感受到的压力就越大。

情绪是一段关系的深度指示器。大多数时候，我们都在生活的浅水区游动，与伴侣互动以及进行日常生活。潜在的情绪流被埋在更深一点儿的地方，在黑暗的深水中。当我们体验到一种强烈的情绪，积极的或消极的——突然涌起的感激之情，或者被误解时的勃然大怒——这些都是更深层次东西的表现。如果我们像 W.I.S.E.R. 互动模型所建议的那样，努力在这些时刻停下来观察和解读情境，我们就可以更清楚地了解对我们以及我们的伴侣来说重要的东西。

培养共情和情感的基石

在与伴侣互动时，我们所感受到（和表达出）的情绪有多重要？情绪能否表明关系联结的强度以及建立长期伴侣关系的可能性？

在我们最早期的一项合作研究中，我们调查了情绪和关系稳定性之间的联系。我们把已婚或同居的伴侣带到实验室，在他们讨论他们关系中最近发生的不愉快事件时，对他们进行了 8~10 分钟的录像。随后，根据每对伴侣表达特定情绪（例如，关爱、愤怒、幽默）和行为（例如，认可伴侣的观点）的程度，对这些视频进行了评分。

我们特地请没有接受过心理学训练的研究助理对这些视频中的情绪进行评分。这些未经训练的观察者具有的识别他人感受的自然人类能力能否有助于预测人际关系的稳定性？

5 年后，我们回访了这些伴侣，看看他们的近况如何。有些还在一起，有些已经分开了。当我们把他们现在的关系状况与我们的研究助理对他们早期互动中的情绪评分放在一起时，我们发现，这些预测哪些伴侣仍在一起的评分准确率接近 85%。这与其他许多研究一致，伴侣之间的情绪是亲密关系成功或失败的关键指标。没有特定心理学专业知识的评估者也能够准确预测关系的强度，这一事实意义重大，因为这表明大多数成年人都有准确解读情绪的能力。大多数评估者还没有经历过深入的、长期的恋爱关系，但当他们仔细观察时，他们可以感觉到伴侣之间重要的、有时是微妙的情绪和行为。情感驱动着关系，多关注情绪很重要。

然而，并不是每一种情绪都能程度相当地预测一段关系是否健康。有些情绪是特别重要的，在我们的研究中，有两类情绪特别突出：

共情（empathy）和感情（affection）。

在与伴侣讨论不愉快的事情时，表达出更深的感情的男女更有可能在 5 年后仍在一起。男性的共情反应也很重要。男性越关注伴侣的感受就越有兴趣去理解伴侣，越认可伴侣的观点，这对伴侣就越有可能继续在 起。这些发现，连同我们关于共情的重要性的发现（在第 5 章中讨论过），都指出了一个关于亲密关系的重要观点：如果一对伴侣能够培养出共情和感情的基础（意味着好奇心和倾听的意愿），他们的关系将更稳定和持久。

对差异的恐惧

在亲密关系中，各种各样的事情都可能引起强烈的、具有挑战性的情绪。即使是积极的情绪也会具有挑战性。伟大的爱，对我们来说非常重要，但我们也可能因为害怕它失去而被恐惧所困扰。

但在一段关系中产生强烈情绪的最常见原因之一是伴侣之间的小差异。有差异的地方就可能有分歧，而有分歧的地方往往就有情绪。

差异首次出现时可能是令人新奇的。但当一段新关系最初的激动和兴奋开始消退，你可能会开始注意到伴侣身上让你困扰的部分。有时这可能是你们之间很大的差异（比如是否要孩子）。这就需要你们考虑这段关系是否适合双方。但通常情况下，伴侣之间往往是比较小的差异，只是因为需要双方做出调整而使它们看起来很大。也许你们中的一个人喜欢在压力大时开玩笑，而另一个人在面对困境时一点也不觉得好笑；或者你们中的一个人喜欢探索新的餐厅，而另一个人喜欢在家做饭。

当你开始发现这些差异时，很容易感受到威胁。如果你已经结婚或同居，你可能觉得一直想象的特定的生活受到了威胁，但你已经走得太远，无法回头。你可能会觉得陷入了困境，并开始有这样的想法——比如，我的伴侣是：

自私的

无知的

不道德的

有缺陷的

……

这些差异看起来像是由个人背景或者家庭导致的固有的问题。这似乎证明了你们俩是多么格格不入。

心理学家丹·怀尔（Dan Wile）在他的《蜜月之后》（*After the Honeymoon*）一书中写道：

蜜月之后。这句话本身就带着一种悲伤的负担，仿佛我们曾短暂地生活在金色的爱的恍惚中，而现在我们被惊醒了。最初迷恋的迷雾已经消散，我们看到了伴侣的本来面目……随即想到："哦不！这是我要与之共度余生的人吗？"

面对这些情绪，我们通常会（也是容易理解的）认为目标应该是避免或减少差异。前面提到的约瑟夫·西奇是把困难最小化的大师。他终其一生都在尽力避免冲突，弥合裂痕。就减少冲突而言，这很有效。但其结果是这段婚姻关系在情绪上不亲近、不亲密。

那么问题来了，如果一段没有冲突的平稳关系不是通向富足而充实的亲密关系的道路，但冲突往往又会导致压力，我们到底该怎么办呢？

跳舞

刚结婚不久，罗伯特和他的妻子珍妮弗利用他们每周的约会之夜去上交际舞课。一同上课的其他大多数情侣都已经订婚了，参加这门课是为了在婚礼当天可以跳一段舞。在某一堂课上，心理学家詹妮弗想知道：每对情侣一起跳舞的方式能否成了解他们关系的窗口？就像恋爱中的新挑战一样，新舞步一开始有时会让人尴尬，情侣们需要花时间去学习舞步并相互调整与适应。其中一方通常是更快的"舞者"或比另一方更有天赋，但双方都会犯错，都在学习。他们的舞蹈是否能看出哪些情侣能够容忍和原谅错误？他们在舞蹈中解决问题的风格能预测他们五年后是否还会在一起吗？

和学习跳舞的过程一样，"你必须在实践中学习"这句古老的谚语尤其适用于人际关系。有给予和索取，有顺利和不顺；有循规蹈矩，也有突发奇想。最重要的是，会有错误和失误。没有一对伴侣会在第一次一起上台表演时就像弗雷德·阿斯泰尔和金格尔·罗杰斯一样（即使是弗雷德和金格尔也需要大量的练习！）。双方都必须边跳边学。这些失误不是失败，也不代表不能一起跳舞，相反，这是一起学习的机会：迈向这儿，别迈向那儿。我的搭档想迈向这边，我就和他一起；现在我想迈向那边——他必须学会与我一致。是的，我们会注意到错误和那些我们不同步的时刻，但重要的是舞伴双方如何回应。

生活也是如此。最后，最重要的不是我们在关系中面临的挑战，而是我们如何处理这些挑战。

被低估的机遇

马克和罗伯特两人从几十年的伴侣心理治疗经验中都发现一件事，那就是处于亲密关系中的人往往会忽视分歧带来的机遇。

这种情况经常发生：在一对伴侣的第一次治疗中，其中一方非常清楚他们为什么来寻求治疗。这通常涉及指向对方的矛头：

他不够洒脱。

她控制不了自己的愤怒问题。

他不做家务。

她从来不想出去，但我不喜欢闲坐着。

他痴迷于性（或者他对性不感兴趣）。

无论"问题"是什么，其意思都很清楚：我的伴侣需要改正。但在现实中，这对伴侣并没有发现他们这段关系中其实有更深、更复杂的紧张关系。发现这种紧张关系通常需要自我反省和对话。

在伴侣心理治疗中，我们鼓励伴侣认识到并试图理解他们之间可能存在的差异和分歧。分歧，以及随之而来的情绪，提供了一个可以通过发现隐藏在关系表面之下的重要问题来重振关系的机会。

　　两个人复杂的生活中，必然包含着差异。也许你觉得有必要保持干净整洁，一堆脏盘子会让你感到沮丧，或者你的伴侣因为你总是玩手机而对你生气，又或者你们中的一个人经常迟到并因此引起争吵。

　　"你从来不把牙膏盖盖回去！"一方可能会抱怨，情绪上的分量似乎与发生的事情不符。

　　在反复的争吵中出现的强烈情绪，无论起因多么琐碎，往往可以归结为几个常见但深刻的问题之一。看看这些是否敲响了警钟：

你不在乎我。

我在这件事上比你付出得多。

我不确定能不能信任你。

我怕我会失去你。

你觉得我不够好。

你不接受真实的我。

　　从这些因为分歧引发的情绪中筛选出恐惧、担忧以及脆弱的感觉——包括我们伴侣的和我们自己的——并不总是容易的。首先，我们必须考虑到我们错过了表面下真正发生的事情的可能性。因为我们有一种保护自己的本能，以及一种在没有意识到自己正在做什么的情况下就草率下结论的倾向。就像当一个物体扔向我们时，我们会退缩或举起双手一样，当沉重的情绪向我们袭来时，我们往往会退缩并草率做出判断。

*　　我从来不会被牙膏上的盖子困扰——为什么它就会使你困*

扰呢？你太敏感了！

就像这样，我们没有去思考分歧和随之而来的情绪，而是采取了强硬的立场，做出了判断，并认为问题出在我们伴侣的过度敏感上。这种判断会在各种情况下瞬间发生，从"微不足道"的分歧到关乎爱和联结的大问题。

例如，约瑟夫·西奇无法全面了解他妻子的体验，因为他太沉浸在自己的解读中。他知道他不愿敞开心扉的态度让她很困扰，但他已经认定他的理解是正确的。在他看来，他这是在替她省去倾听他人感受的麻烦。他认为分享自己的情绪会危及他与妻子的平和关系，而他不想失去她。但为了保护自己免受这样的脆弱，他却导致了妻子所感受到的脆弱。毕竟，这个世界上她最亲近的人似乎并不像她需要他那样需要她。

他从来没有问过这样一个问题："如果我多分享一点儿我的感受，对我们的关系而言意味着什么？"

我们都有自己的弱点，那些恐惧和担忧导致我们对分歧的反应是回避它们以保护自己。这些情绪是不容易面对的，但我们与伴侣之间的分歧有可能向我们揭示这些情绪。

彼此的脆弱：力量的源泉

当我们的第二代参与者谈到他们生命中的低谷时刻时，其中很大一部分都与亲密关系有关。深度亲密关系本质上就是令人非常脆弱的。当两个亲密的人和谐相处时可能会感到非常欣喜，但如果关系不稳定则可能导致强烈的痛苦、背叛感和批判性的自省。我们的第二代参与者之一艾米告诉研究者：

我的第一任丈夫来自得克萨斯州，我们在亚利桑那州相遇后搬到了那里。我们和女儿住在一个小镇上，但我丈夫在达拉斯工作，所以他偶尔得在那里过夜。一天晚上，一个朋友打电话给我，说他看到我丈夫和我们的另一个朋友很亲密。我丈夫承认了他的外遇。这让我崩溃，但我也确信我可以继续自己的生活。我和女儿搬回菲尼克斯，和姑姑姑夫住了两年。当我反省分手的可能原因时，我开始怀疑是不是我们搬到得克萨斯州后，我变得不那么有趣、不那么讨人喜欢了。这对于我作为一个年轻女性的自信是一种打击。我可以成为某人的一切吗？还是我缺少了一些基本的"妻子"特征？

　　和某人建立亲密的伴侣关系就是让我们自己面临风险。当我们足够信任一个人，并且围绕着我们之间的关系来建立生活时，这个人就变成了一种基石。如果我们与他们的联结感觉不稳定，我们对整个生活结构可能感到更不稳定。这也许是一个可怕的情况。夫妻之间往往不仅共享金钱和资源，还共享孩子、朋友和与彼此家庭的重要联系。对关系的失败及其如多米诺骨牌效应一样影响我们余生的担忧可能是压倒性的，并且会渗透到我们对自己的看法中。我们可能会像艾米一样，怀疑自己是否适合做伴侣，甚至怀疑我们是否有能力满足另一个人的需求。

　　如果我们以前受过伤害——其实我们大多数人都受过——我们可能不愿意在一段重要的关系中保持完全的信任。即使我们已经和某人在一起几十年了，我们仍然会觉得有必要保护自己。

　　相互的、互惠的脆弱性可以导致更强大、更安全的关系。伴侣之间相互信任和向对方敞开自己的脆弱的能力——暂停一下、关注到自己和伴侣的情绪，并舒适地分享他们的恐惧——是一对伴侣可以培养的最强大的关系技能之一。这可以减轻很多压力，因为双方都可以得到他们所需要的支持，而不必一直耗费精力试图变得比实际更强大。

就算我们确实设法建立了一个强大的和值得信任的纽带，我们仍然没有脱离困境，因为即使是最好的关系也会变质。就像树木需要水一样，亲密关系也是有生命的，随着生命如四季般流逝，我们不能任它们自生自灭，它们也需要关注和滋养。

亲密关系的持久影响

> 爱情来得快，但成长得慢。只有当一个男人或女人走过四分之一个世纪的婚姻后，才会真正知道什么是完美的爱情。
>
> ——马克·吐温

当一段关系经过几十年的培养，神奇的事情就会发生。但同时，如果我们忽视了最重要的关系，生活就会陷入孤独无助。

为了说明这两种路径，让我们回到利奥·德马科和约翰·马斯登的故事，他们是我们第一代哈佛研究的参与者。

利奥是研究中最幸福的人之一，而约翰是最不幸福的人之一。利奥和妻子的关系几乎跨越了他的整个成年生活，包含了我们一直强调的一段令人满意的关系所必需的大部分关键元素：感情、好奇心、共情，以及愿意面对具有挑战性的情绪和问题，而不是回避它们。

例如，1987 年，利奥的妻子格蕾丝告诉研究者，他们在一些方面存在分歧，包括他们应该在一起待多长时间，他们性行为的频率，以及他们不着家的频率。

当他们意见不一致时，他们是怎么做的？她说，他们讨论了这个问题。他们了解了对方的想法，要么接受差异，要么想办法解决。同样重要的是，他们用感情支撑着这个过程。

而约翰·马斯登的妻子安妮对同一个问题有不同的回答。她说，她经常和约翰意见相左。但最侵蚀他们关系的是他们之间缺乏感情。她认为他们之间应该有更多感情——他也认为应该有更多。但他们不知道如何去做，也不谈论这个问题。他很少向她倾诉，她也很少向他吐露心声。研究者问，是否存在这样的时候：他们不在一起，她却很希望能在一起？"几乎没有过。"她说。

这些婚姻中不同的情感模式贯穿了利奥和约翰几十年的晚年生活。

2004 年，我们在利奥的客厅录制了一段对他的采访。有一次，研究人员问道："你能想出五个词来描述你和妻子的关系吗？"

经过一些停顿以及尝试几次措辞后，利奥列出了一个清单：

舒适的

挑战性的

有活力的

无处不在的

美丽的

大约在同一时间，在这个国家的另一个地方，约翰·马斯登在他的书房里接受了采访。在视频中，他被摆满书的橡木架子包围着，右手边有一扇明亮的窗户，窗外是一座花园。他被问到同样的问题："你能想出五个词来描述你和妻子的关系吗？"他在椅子上挪动了一下身子。

"这是……这是一个必须回答的问题吗？"约翰问道。

"这不是必须回答的。"研究人员回答说。

"我不确定我能想出什么。"

"尽你所能就行了。"

约翰环顾了一下房间，然后有条不紊地给出了这份清单：

紧张的

疏远的

漠视的

不宽容的

痛苦的

我们大多数人的关系都介于这两个极端之间，甚至在两者之间摇摆不定。但在这两种关系中，我们看到了亲密程度的鲜明对比——一种直面情感挑战与逃避情感挑战之间的对比，一种亲密与疏远之间的对比，一种共情与冷漠之间的对比。

回想一下科恩的握手研究和格拉泽的创伤愈合研究，这两项研究都显示了两个重要的发现：第一，拥有一个值得信任的亲密伴侣会减少许多压力；第二，压力会影响我们身体的愈合能力。当然，我们无法确切地知道利奥和约翰晚年的健康在多大程度上归因于他们在最亲密的关系中感受到的爱，但我们知道利奥的身体一直很有活力，而约翰多年来一直病得很重。关系并不是他们身体状况唯一的原因，但利奥分享的爱肯定增加了他保持健康的机会，而约翰在他最亲密的关系中感受到的痛苦和疏远不可能对他有益。对他们的妻子来说也是如此。在这些夫妇的一生中，他们的关系极大地影响了他们的幸福、生活满意度，也几乎肯定影响了他们的身体健康。这是一个在哈佛研究中反复出现的故事。

桑德·米德的一生回顾

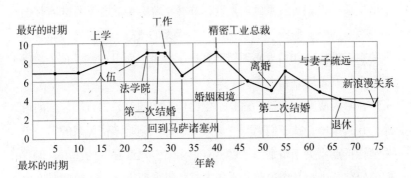

上面的图表是由第一代研究的参与者桑德·米德回顾自己70多年的生活时绘制的。图表左侧的刻度代表了从"最好的时期"到"最坏的时期"的评分，底部的刻度代表了年龄。和其他参与者一样，桑德在生活满意度上的许多重大转变与他在关系上的变化相一致：47岁"婚姻困境"，52岁"离婚"，55岁"第二次结婚"，等等。

桑德的生活轨迹图反映了哈佛研究和许多其他研究项目的一个重要发现：关系（尤其是亲密关系）在生活中任何特定时刻都对我们的满意度起着至关重要的作用。

生活的各种变化都会给我们的亲密关系带来压力。即使是像结婚这样积极的改变也会带来压力。例如，年轻的夫妇往往会对初次为人父母后出现的关系挑战而感到惊讶。原本应该是家庭生活的快乐开端，却变成了产生新的分歧和困难的雷区，疲惫和担忧又加剧了这些分歧和困难。初为父母的人经常会争吵，这是他们以前从未发生过的。因此他们的压力就更大了，而且经常感觉得不到伴侣的支持。

这一现象非常常见。包括我们自己在内的许多研究表明，在孩子出生后，人们对关系的满意度往往会下降，但这并不意味着你们的关系有问题。照顾一个婴儿是一个很大的挑战，很多曾经花在夫妻关系上的时间和精力必须转移到孩子身上。所以在有了孩子之后，夫妻之间有矛盾是很自然的。

在哈佛研究中，我们对整个生命周期中的关系进行了仔细的追踪，并且指出，孩子们离开"巢穴"的那一刻是亲密关系的另一个关键转折点。关于婚姻满意度，有很多"空巢激励"的逸事，但我们的研究是少数几个追踪几十年关系的纵向研究之一，时间跨度包括这个转折点。通过研究数百对夫妻的婚姻我们发现，大概在最小的孩子满 18 岁的时候，伴侣对婚姻关系的满意度通常开始显著提高。

即使是没有最亲密婚姻关系的约瑟夫·西奇，也经历了这种提升。利用哈佛研究的数据，我们可以绘制出婚姻满意度的一生轨迹图，这些轨迹通常看起来与约瑟夫的轨迹图相似（见下图）。每条垂直的虚线代表一个孩子的出生，灰色阴影部分代表约瑟夫和奥利维亚抚养 18 岁以下孩子的时间，深色的垂直线代表最后一个孩子——他们的女儿莉莉——去上大学的那一年。

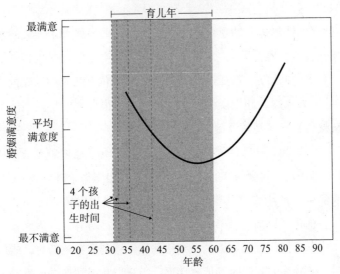

约瑟夫·西奇的婚姻满意度

对于参与研究的男性来说，这种空巢的意义不仅仅是促进夫妻双方的婚姻满意度。事实上，我们发现，空巢益处的大小（因不同夫妇而异）预测了这些参与者的寿命。孩子们离开家后，父母对婚姻关系满意度的提升越大，他们的寿命就越长。

亲密关系在晚年变得尤为重要。随着年龄的增长，我们会遇到更多身体上的挑战，我们需要能够以新的方式互相依赖。当男性和女性的研究参与者在70岁末到80岁初时，那些彼此安全依恋的人表示他们的情绪更好、分歧更少。两年半后，当我们再次回访时，那些安全依恋的人报告说，他们对生活更满意、更少抑郁，而且妻子的记忆功能更好——另一个证据表明，人际关系对我们的身体和大脑也有影响。

当我们观察亲密关系中的个体如何在年老时适应变化和相互依

赖时，利奥·德马科和约翰·马斯登再次处于相反的两端。我们在他们80多岁时进行的采访中，问了一个问题：

"当你情绪上心烦意乱、悲伤或担心一些与你妻子无关的事情时，你会怎么做？"

利奥的回答是一个感受到了与伴侣安全依恋带来的温暖的人的特点："去找她，和她谈谈，"他说，"这是很自然的。我当然不会把它藏在心里。她是我的知己。"

另一方面，约翰的回答体现了他已经学会了通过避免依赖伴侣来应对脆弱。"我会藏在心里，"他说，"我会坚持这样。"

晚年生活给许多人带来了身体上的挑战和疾病。对一些人来说，这意味着再次（或第一次）成为看护者，对另一些人来说，这意味着学习如何接受照顾。在亲密关系中感到安全意味着既能帮助伴侣，又能在需要的时候依赖伴侣。当我们意识到自己再也够不到鞋带，或者需要他人帮助我们从椅子上站起来时，这可能是一个打击。有一个我们能够与之分享脆弱的人在身边，这可能是绝望和幸福的区别。当我们生病的时候，我们经常需要有人充当我们的拥护者——发言者、组织者，一个充当我们的手、眼睛或耳朵……甚至是我们的记忆的人。从另一个角度看，成为这样一个人当然涉及自我牺牲，但它也可以是满足感的来源。

简单地说，能够一起面对压力的夫妻在健康、幸福和关系满意度方面都会受益。

关于我们"更好的另一半"的最后说明

在1996年的浪漫喜剧《杰瑞·马圭尔》（Jerry Maguire）中，汤姆·克鲁斯呼应了柏拉图的爱情观，他对蕾妮·齐薇格说："你……

使我完整。"

虽然我们的伴侣可以成为我们"更好的另一半"听起来是正确的，但现实是，很少有亲密关系能提供伴侣双方所需要的一切。将找寻完整的期望寄托在伴侣身上可能会导致挫败感，甚至导致原本积极的关系破裂。

心理学家伊莱·芬克尔（Eli Finkel）在他的《婚姻的两极化》一书中指出，我们对婚姻的期望已经变得不切实际——尤其是在美国和其他西方工业化国家——这也是 20 世纪离婚率急剧上升的部分原因。大约在 1850 年以前，婚姻本质上是一种为了生存的伙伴关系。1850—1965 年，婚姻的重点转向了对陪伴和爱的更高期望。在 21 世纪，经济和文化中的许多因素汇聚在一起，使人们对亲密关系又产生了更高的期望。人们在当地社区的参与度往往较低，更多的是因工作而搬迁。这种更大的流动性意味着更少的人住在原生大家庭附近。许多人在一个地方待的时间不够长，无法建立稳定的朋友圈。那我们会期望谁来填补这些空白呢？我们身边的那个人。

在不知不觉中，我们中的许多人期望伴侣可以提供金钱、爱和性，并成为我们最好的朋友；我们希望他们提供建议，与我们交谈，让我们大笑；我们希望他们能帮助我们成为最好的自己。我们不仅要求我们的伴侣为我们做这些事情，我们也希望为他们提供这些东西。少数幸运的人可能会发现他们的恋爱关系很好地满足了这些高期望，但在大多数关系中，这样的要求太过分了。

我们的亲密关系是如何被如此多的期望压垮的？有时，原因并不在于我们的亲密关系，而更多的是与我们生活中其他人际联系减弱有关。如果我们不再享受那种和一群了解我们的朋友或家人在一起的乐趣，或者我们不再追求自己的个人兴趣、爱好和激情，我们可能会转向我们的伴侣来填补这些需求。亲密关系变得像一块海绵，吸收着周围所有落空的期望。突然之间，我们开始对身边的亲密爱人吹毛求疵，而其实我们生活的其他部分和其他关系才是需要关注的。这些期望会产生负面影响。

研究结果很明确：亲密关系可以成为我们心理和身体的一个令人难以置信的寄托。但它们的作用是有限度的。如果我们想给一段关系以最大的成功机会，我们必须通过维持我们生活的其他部分来支持它。我们的伴侣可能是我们更好的另一半，但他们本身并不能使我们变得完整。

未来方向

爱情没有解药，除非爱得更深。

——亨利·戴维·梭罗

当你思考我们在本章中所讨论的事情如何映射到你自己的生活中时，考虑使用以下做法来推动一种关系向你希望的方向发展。

"捕捉"你伴侣的善意。你的伴侣做的最后一件让你感激的事是什么：他做的晚餐？她给你做的背部按摩？或者也许有那么一刻，你对你的伴侣不耐烦了，但他并没有因此而埋怨你，你很感激这一点？

请注意这一小小的行为。研究指出了写感恩日记以记录和巩固我们所感激之事的好处，即使只是简单地注意和唤起你的伴侣所做的好事、小事情，也会产生积极的影响。这是一个简单但有效的方法，让我们"抓住"我们伴侣的善良，而不是落入一个常见的陷阱——把更多的注意力放在失望上。向我们的伴侣表达我们的感激之情还会有进一步的影响。我们最初与伴侣在一起的原因有很多，现在让我们的生活变得更好的原因也有很多——记住这些原因（并提及它们！）是件好事。被欣赏的感觉真好！

跳出一成不变的规律。我们的关系可能在日常的生活中陷入无趣的、重复的循环中，一点也不令人兴奋。

每天晚上：吃饭和看电视。

每天早上：早餐是咖啡和燕麦片。

每个星期天：修剪草坪，去杂货店，做同样的晚餐。

尝试一些不同的东西！将早餐做好送至床边，给你的伴侣一个惊喜。也许你们已经好几年没有一起在附近散步了——晚饭后，不要陷入你们的例行公事中，而是去散步，去看看外面有什么。计划一个每周一次的约会之夜，轮流选择你们要做什么（如果你的伴侣喜欢惊喜的话，也许可以用一个新的活动给你的伴侣一个惊喜）。

我们都会陷入习惯和常规之中，这很正常。但它们往往变得循规蹈矩，以至于让我们在一天中都不再能真正注意到我们的伴侣。打破这些常规会让我们注意到新奇之处，这有助于我们以新的方式认识和欣赏我们的伴侣。这也是在向我们的伴侣发出信号——他们对我们很重要。

生活中总是有我们前面提到的"舞蹈课"……

试试 W.I.S.E.R. 模型。当出现分歧时可以考虑使用 W.I.S.E.R. 模型（来自第 6 章），并与你的伴侣分享技巧。观察和解读的步骤在亲密关系中特别有用。花更多的时间来观察自己和伴侣的情绪状况，可以帮助我们更清楚地看到我们所感受到的情绪背后的原因。在混乱的时刻保持一些平静，可以帮助我们清理关系表面下的泥水。

因此，当你遇到伴侣让你烦恼的事情时，在做出反应之前，停下来看一看，记下你的反应和你在想什么。

然后解读你的感受，弄清楚发生了什么。问自己：为什么这个问题对我很重要？我的观点到底是什么？它从何而来？这是我从小到大从家庭中学到的吗？我从以前的亲密关系中学到了什么？然后，面对更困难的部分，试着站在伴侣的立场上思考问题：为什么我的伴侣会有如此强烈的反应，以这种方式行事，思考这种事情？为什么这对我的伴侣很重要？我的伴侣可能是从哪里学到的？它从何而来？

有时双方很难就有挑战性的话题展开对话，也很难将互动推向一个新的方向。由来已久的怨气往往很深。只要告诉你的伴侣，这个话题让你感到焦虑，就是一个好的开始。在这种情况下，还有一些其他的技巧可能会有用。

一种技巧被称为"反思性倾听"。它可以帮助我们确保我们正确地听到伴侣想要说的话，并显示出我们的关心，我们试图感同身受。应该这样做：

首先，不加评论地倾听。

然后，试着传达你所听到的伴侣说的话，而不加评论（这是最难的部分）。你可以用这样的话开头："我听到你说的是……是这样吗？"

第二个技巧本身就很有帮助，而且可以使反思性倾听更有价值，那就是对伴侣的感觉或行为的原因提供一些个人理解上的反馈。目的不是表明你有看到伴侣看不到的东西的聪明才智和能力，而是让你的伴侣知道你在倾听他。你想要传达的是，他这样想或者那样做是有道理的，并培养共情和感情的基础。研究表明这是很有价值的。例如，你可以说："你对这件事有如此强烈的感受是有道理的……毕竟你这么善良。"或者"……也许因为这是你成长的家庭环境中处理问题的方式。"

第三个有效的做法是试着从对话中"后退一步"，脱离出来，心理学家称之为"自我疏离法"。站在局外人的角度关注自己的所作所为和处境，你就可能注意到这个人（也就是你）的想法，并意识到它们是短暂的、可能会改变的想法。这是一种与正念方法有很多共通之处的技巧，心理学家伊桑·克罗斯（Ethan Kross）和奥兹莱姆·艾杜克（Ozlem Ayduk）做了大量研究，证明了其效用。

这些技巧可以帮助你开始感觉有困难的对话，并在事情变得棘手的时候在情绪上稳定住，慢下来，并向你的伴侣表明你正在努力理解他。

不要害怕使用一些之前在你们特定的关系中奏效的做法。当你觉得自己变得愤怒，或者感到失败或害怕时，记住这是一个信号，在这些时刻你需要向你的伴侣伸出手请求帮助。试着看清表面之下的东西，记住，就像你一样，你的伴侣也在战斗。

我们每个人都把自己的优点和缺点带入一段关系中，我们的恐惧和欲望、热情和焦虑，而由此产生的结果总是与其他任何一段关系不同。

"我们之间没有怨恨，"2004 年格蕾丝·德马科在谈到她和利奥的关系时说，"当我们被逼到一定程度时，我们就会真正说出自己的感受，把它说出来。人们可以非常不同，但需要尊重这种差异。实际上，我们需要这种差异。他需要的是振作，而我需要的是镇静下来。"

8

家庭的重要性

找到生活的真谛

　　称之为宗族，称之为网络，称之为部落，称之为家庭：无论你怎么称呼它，无论你是谁，你都需要它。

——简·霍华德

哈佛研究问卷（1990）

问：当你想到你的家人和亲戚时，你认为你会说：

答：我们分享大部分的喜怒哀乐 ＿＿＿＿＿＿

我们喜欢一起做事情；我们有共同的兴趣爱好 ＿＿＿＿＿＿

我们并没有努力去跟上对方的脚步 ＿＿＿＿＿＿

我们彼此回避，或者我们可能不太喜欢对方 ＿＿＿＿＿＿

　　翻阅哈佛研究报告中的文件，感觉就像在翻阅一本家庭相册，或者观看一段 8 毫米旧胶卷的蒙太奇。许多记录都是手写的，故事本身也浸透了过去时代的措辞和感觉，时间似乎过得令人难以置信地快。整几代人的家庭故事随着几页纸的翻动而过去。一个参与者出生了，迅速度过了他十几年的时光，然后结婚。突然间，一个不久前还只有 14 岁的男孩现在已经 85 岁了，而他的成年子女已经能够在我们的办公室里谈论他作为父母的样子。尽管通过仔细分析这项研究的详细数据，我们可以得出许多深刻的见解，但随便翻看一下文件，就能迅速将两件特别的事情纳入视野：人类生活发展的速度，以及家庭的意义。

　　2018 年，我们的第二代参与者之一琳达在我们波士顿西区的办公室告诉研究者："我们有一个大家庭，我对此非常感激。"她的父亲是尼尔·麦卡锡——这项研究中最敬业的第一代参与者之一，他在洛厄尔街区长大，离她现在坐的地方不远。琳达告诉我们："我们家充满了活力，充满了爱，但当我想到我的父亲时，我会很情绪化，因为他来自一个完全不同的环境。他小时候有过一段艰难的日子，他的家庭破裂了。他没能读完高中就去参加了战争。他从那一切中走出来，站起来。尽管如此，他仍是一个伟大的父亲，永远在我们身边，永远爱着我们。他的人生本可以走向完全不同的方向。我非常尊敬他。"

没有什么关系能像我们和家人之间那样。无论是好是坏，家庭成员往往是年幼和成长过程中参与我们生活最多的人，了解我们的时间最长。父母是我们来到这个世界上看到的第一个人，第一个拥抱和养育我们的人，从亲密关系中学到的很多东西都来自他们。我们的兄弟姐妹——如果有的话——是我们最早的同龄人，他们告诉我们如何行为举止，也经常使我们陷入麻烦。我们的大家庭往往决定了我们如何理解群体的意义。但无论我们的家庭构成如何，它都不仅仅是一组关系，它是我们真实存在的一部分。因此，这些关系伴随着非常高的风险。他们的性格会对我们的幸福产生巨大的影响。

但这种效应的性质和规模在心理学领域一直存在争议。有些人认为早期的家庭经历决定了我们成为什么样的人。其他人则认为它的作用在很大程度上被高估了，基因才是更重要的。因为我们每个人都有长时间与家人相处的亲身经历，我们每个人都倾向于对家庭如何运作以及家庭在多大程度上影响或决定我们的生活有强烈的看法。从这种个人经验中我们产生了关于什么是可能、什么是不可能的重要假设（无论是在我们的原生家庭还是我们新组建的新家庭中），而这些假设往往决定了我们如何处理那些关系。

例如，我们有时会认为，我们的家庭现在的样子就是它永远的样子，这些关系是一成不变的。我们还倾向于用绝对的、非黑即白的方式来描述我们早期和现在的家庭经历：我的父母很糟糕；我的童年是田园诗般的；我的家人很无知；我的公婆很爱管闲事；我的女儿是个天使……家庭关系真的像我们通常想象的那样一成不变吗？

哈佛研究记录了几十年来各种各样的家庭经历，它可以帮助我们了解家庭随着时间的推移究竟是如何运转的。亲密的纽带、家庭的不和，以及各种各样的成功和困难都被呈现出来。我们有从双方角度来看父母和孩子之间的关系的记录，也有"传统的"核心家庭、单亲家庭、多代同堂家庭、收养子女的家庭、离婚和再婚的混合家庭，以及兄妹就像父母一样的家庭。除此之外，超过40%参与者的父母中至少有一方是从其他国家移民到美国的，他们面临着在异国他乡抚养家人的挑战。

尼尔·麦卡锡一家就是其中之一。作为第一代爱尔兰移民，他的父母在尼尔出生前几个月才来到美国，他们在试图融入一个新社会时遇到了不少麻烦。正如我们将看到的，尼尔的童年既有养育之恩，也有创伤之苦，他的女儿琳达说的是对的——他的生活很容易就会走向更消极的方向。哈佛研究中的许多人都是如此。但尼尔成功地走了出来，过上了充实而生机勃勃的生活，拥有了充满爱的家庭。他的人生之路既动人又发人深省。

2012年，84岁的尼尔寄来了我们两年一次的调查问卷，并在问卷背面给该项研究的长期协调人之一罗宾·韦斯特（Robin Western）写了一张便条。这张纸条显示出他当时的生活状况，以及与他早期在波士顿西区的落魄有多么不同：

亲爱的罗宾，

希望您和您的家人都过得很好！

真不敢相信我已经参与研究 70 多年了！

虽然我现在 84 岁了，但我仍然非常积极地与我的家人和朋友相处。照看我 5 岁的孙女让我忙得不亦乐乎，而且节日聚会总是很有趣！我平常阅读书籍，做填字游戏，参加我 7 个孙子孙女的学校活动和体育活动。

祝愿您和您的家人永远幸福！

希望能收到您的回信，并了解我们上次见面后的最新情况。

衷心的祝愿

尼尔·麦卡锡

如果我们在尼尔 16 岁的时候把这张快乐的纸条给他看，他可能会非常惊讶。他的人生走过了很长很长的路，这一路上，他面临着一些极其艰难的选择。事实上，在所有参与哈佛研究的家庭中，无论家庭的大小或亲疏、欢乐或挑战，都有一个共同的主题——稳步推进的变化。

在任何时候，一个家庭都可以反映整个人类的生命周期——婴儿、青少年和成年人在生命的每个阶段都相互关联。随着生命周期的不断转变，你会发现自己处于新的位置上，扮演着新的角色。这些角色的转变总是需要不断去适应。不久前还载着青春期的孩子参加聚会、辅导孩子做家庭作业的父母们，很快就得学会尊重孩子逐渐长大成人后的独立性了。随着生活道路的不同，兄弟姐妹必须调整他们关系的动态变化。成年子女必须承担起赡养年迈父母的责任，并最终接受自己晚年被赡养的现实——这是更困难的角色转变之一。

这些转变不仅需要适应新的角色和责任，还需要情感上的适应。

随着时间的流逝，每个人的人生阶段都在变化，关系也必须改变。家庭如何适应这种不可避免的变化是家庭关系质量的关键因素之一。我们不可能永远是那个被父母注视着的小孩子、第一次坠入浪漫爱情的年轻人，或者刚退休的老人——孙子正在我们的膝盖上咯咯地笑。无论我们在生活中如何紧紧抓住某个心爱的栖息地，最终那个栖息地都会开始坍塌。我们必须不断前进，面对新的角色和新的挑战，能有人和我们一起面对这些事总是会让它更容易些。但是怎么做呢？

每个家庭的情感格子就像花的结构一样独特：乍一看与其他家庭相似，但仔细观察就会发现是独一无二的。对一些人来说，家庭唤起了一种温暖的归属感；对另一些人来说，家庭唤起了一种疏远的感觉，甚至是恐惧。对我们大多数人来说，它是复杂的。这种复杂性使研究具有挑战，但通过几十年来对数百个家庭的密切追踪，哈佛研究处于一个独特的位置，可以找到家庭之间的重叠点，并发现一些确定我们家庭关系特征的共同因素。本章将把这项研究的关键部分汇集在一起，以创造一种不同的视角，通过这种视角，你可以看到自己家庭生活的特殊性。因为我们在哈佛研究中反复发现的一个重要的真理是：家庭非常重要。

家庭是什么？

没有谁是一座孤岛，

在大海里独踞；

每个人都是一块小小的泥土，

连接成整个陆地。

约翰·多恩

人们很容易认为我们对自己命运的掌控程度很高，但其实这远高于实际情况。事实是，我们都被嵌入了比我们自身更大的生态系统中，它以深刻的方式塑造着我们。经济、文化和亚文化都对我们的信仰、行为方式和生活的进程起着重要作用。这些生态中最重要的莫过于家庭的生态。

但究竟什么是家庭？对大多数人来说，当我们想到家庭时，我们想到的是我们的家人。但对某一个人来说，家庭可能包括父母、兄弟姐妹和孩子，而对另一个人来说，它可能意味着与继父/继母的关系或众多的亲戚——姻亲、堂亲、表亲、堂表亲的下一代们。对其他人来说，它可能延伸得更远，甚至是超越了血缘关系联结。

任何对"家庭"的定义都始于围绕它的文化。在古代中国，家庭观念是由儒家思想和强调整个群体的福祉和成功的集体主义意识形态塑造的。一个家庭包括祖父母、父母和孩子，是生活的中心。即使在独生子女家庭的时代，这种模式在今天的中国仍然很强大。在古罗马，家庭由在这个家生活的所有成员组成，包括工人和仆人——他们生活在最年长的男性即"家主"的统治下。在现代西方文化中，由父母双方及其子女组成的"核心家庭"是对家庭的普遍定义，尽管这一原型有许多替代模式。

一名参与者在14岁时告诉本研究："我有5个妈妈，但只有一个爸爸。"当他加入他们的家庭时，他的养父母已经有了孙子孙女，他认为他的养母及其2个姐妹，以及养母的2个亲生女儿都扮演着母亲的角色。

一个家庭可以由许多不同的组织方式和亲疏程度构成。那些没有感受到家庭成员的温暖和存在的人、那些被家人虐待或不被家人理解的人，可能会渴望并找到其他像家庭一样能提供他们所需要的许多东西的关系。一个人可能与父亲没有什么联结，但与叔叔、祖父母或童年时期的另一个成年人非常亲近，如足球教练或密友的母亲，或者他们可能会在一个完全不同的群体中找到家人。

在纽约、底特律以及美国其他许多地区，一个典型的非传统家庭例子是性少数群体社区成员的"地下舞会文化"，其中大多数是黑人和拉丁裔，他们加入被称为"房子"的团体，围绕着相互支持和一起参加变装舞会来安排他们的生活。这个"房子"围绕他们共同的经历、目标和价值观向他们提供他们需要的、类似家人一样的联结。每个"房子"的功能都类似于一个血缘家庭，"房子"的"母亲"或"父亲"承担了传统父母的角色，并提供了"房子"中的"孩子"在他们早年生活中错过的积极的家庭结构和情感联结。

正如马龙·M.贝利在他2013年关于地下舞会文化的书《穿着高跟鞋的布奇女王》中所言："一般来说，'房子'并不意味着一个实际存在的建筑，而是代表了其成员的生活方式——虽然他们大多生活在不同的地方，但他们把自己和对方的互动视为一个家庭单位……事实上，特别是对十几岁到二十几岁的性少数群体中的有色人种来说，这个团体为那些在原生家庭、宗教机构和整个社会中被排斥和边缘化的人提供了一个持久稳定的社会避难所。"

重要的一点是，对我们的生活有形成性影响的养育者可以来自不同的地方，包括各种人，可以有各种称呼。重要的不仅仅是我们认为谁是家人，而是我们生命中最亲密的关系对我们意味着什么。

然而，这并没有削弱原生家庭的重要性。即使新的家庭形成了，或者我们成了可以为我们提供家庭结构的新团体的一部分，我们仍然带着原生家庭的历史和那些影响我们的经历，无论是积极的还是消极的。即使是被创造出来的家庭，在它们所有的美好和所有的爱中，也存在着对早期经历的救赎。不管我们现在的生活如何，我们仍然带着童年的幽灵，带着对抚养我们的人的记忆。

童年的幽灵

在罗伯特家厨房的抽屉后面，有一个旧的铝制冰激凌勺，那是他母亲的。当他还是个孩子的时候，夏日里他在得梅因附近跑完步后，母亲会用那个勺子为他盛一些冰激凌，也许她自己也会吃一点儿。60 多年后的今天，他拿出那个勺子，就像从匣子里抽出一段记忆。他母亲厨房里的味道——那一刻的感觉，不知怎的就嵌入了冰激凌勺里。

马克也有类似的传家宝。他的桌子上放着一块小牌子，上面有他祖父的名字。他的祖父是一名建筑工人，总是把这块牌子放在自己的桌子上。当马克看着它时，就会想起他的祖父教他如何使用锤子和钉子——他几乎能听到祖父的声音，既粗哑又亲切。

许多人倾向于保留一些来自家庭的对我们有重要意义的物品——无论是好的还是坏的。特定的物品可以唤起我们对过去事物的回忆，提醒我们在人生的道路上已经走了多远，以及我们从过去中学到了什么。

这些传家宝象征着一种更广泛意义上的继承——不仅仅是物体，还有观点、习惯、理念和经历。我们可以像紧紧抓住冰激凌勺一样，紧紧抓住心理上的传家宝。罗伯特的母亲总是强调，要将与人为善有意作为一种与人——服务员、陌生人、任何人——交往的方式。

现在罗伯特发现自己仍在努力为之。马克的祖父过去经常谈论把事情做好的乐趣，比如当锤子恰到好处地敲击到钉子的正确位置时就会发出某种特定的声音。虽然马克不盖房子，但他经常想起这个简单的过往。

这些遗留物也有黑暗的一面，童年时期的艰难甚至创伤经历也会在我们的心理上留下印记。马克的父亲在水晶之夜和逃离大屠杀时的经历让他终生难忘。许多哈佛研究的参与者都曾与被父母欺凌或虐待的回忆斗争。

心理遗传可能很深——有时深到难以意识到。除了从父母那里继承的生理特征外，我们还从家庭成员那里获得了习惯、观点和行为模式。我们最重要的经历，不管是好的还是坏的，都不仅仅是回忆。它们是给我们留下具体印象的情感事件，这些影响可以在很长一段时间内塑造我们的生活。

这可能适用于人生任何阶段的任何经历，但尤其与孩子在原生家庭中的经历有关。关于童年经历的重要性已有大量的研究和著述，这导致了关于童年在成人生活中扮演的角色的各种各样的普遍假设。在流行文化、电影和媒体中，一个人的艰难童年经常被引用为他们表现出某种行为方式的原因，以至于童年决定一个人的人生命运似乎是一个公认的真理。在电视节目中，当我们看到一个杀人恶棍的背景故事时，似乎总是说他们在童年时受到过虐待。这种说法如此普遍，以至于我们这些小时候经历过坎坷的人常常担心：如果我的童年很糟糕，我是不是就无可挽回地崩溃了？我注定过不了幸福的生活吗？

天堂的烦恼

1955 年，一位名叫埃米·维纳（Emmy Werner）的发展心理学家试图更清楚地理解艰难的童年经历的意义，因此她在夏威夷的考艾岛上开始了一项纵向研究，跟踪儿童从出生那天起一直到他们成年。她所研究的许多家庭与哈佛研究开始时生活在波士顿的移民家庭一样，都在生活中苦苦挣扎。正如维纳写道：

> ［参与者］多是来自东南亚和欧洲的移民的子孙，他们来到夏威夷，在甘蔗种植园工作。大约有一半的人来自父亲是半技术或非技术工人、母亲受教育不足 8 年的家庭……［他们是］日本人、菲律宾人、夏威夷人、葡萄牙人、波多黎各人、中国人、韩国人，还有一小群盎格鲁-撒克逊高加索人。

这项研究的非凡之处在于，维纳不只是从岛上选择了少数参与者，而是设法将 1955 年在考艾岛上出生的所有儿童都包括在内，总共有 690 人，而且这项研究持续了 30 多年。

通过使用他们童年、青春期和成年生活的数据，维纳能够发现不良的童年事件和个人生活幸福轨迹之间的明确关系。那些出生时患有复杂疾病的儿童，那些与看护者相处不好的儿童，以及那些遭受虐待的儿童更有可能出现心理健康问题，并发展为学习障碍。童年经历真的很重要。

但维纳也发现了希望。

三分之一有过不良童年的儿童仍然成功地成长为细心、善良、情绪调节良好的成年人，这些孩子跨越了他们艰难的童年。维纳找出了其中的一些原因。

对一些孩子来说，有一些保护因素在起作用，抵消了他们艰难童年的影响。其中一个主要的保护因素是：至少有一个关心他们的成年人始终在身边。即使只有一个人关心孩子的健康并对其进行情感投入，也会对孩子的发展和未来的人际关系产生积极的影响。一些在逆境中茁壮成长的孩子似乎特别能够获得这种关怀支持。

对于成年人来说，能够承认困难并公开谈论困难的哈佛研究参与者似乎有类似的从他人那里获得支持的能力。坦诚的态度和清楚讲述自己经历的行为为他人提供了一个帮助他的机会。这种承认和应对而非试图忽视困难的能力，可能在童年和之后获得支持方面发挥了重要作用。尼尔·麦卡锡的一生很好地说明了这一点，以及我们是如何以家庭经历为基础——无论是好的还是坏的——帮助我们茁壮成长的。

应对力的起源

1942 年 11 月一个寒冷的星期六下午，一位哈佛研究人员第一次拜访了尼尔·麦卡锡位于波士顿西区的家。如果翻到尼尔的记录的最开始，我们可以找到研究人员那天的笔记。研究人员写道：他们的三居室里热闹非凡；6 个孩子在做家务，说说笑笑，主动和坐在餐桌旁的穿着衬衫、打着领带的陌生人打招呼；尼尔的一个兄弟正在洗堆积如山的盘子；尼尔正忙着教他最小的妹妹如何系鞋带，当时他 14 岁。

在 20 世纪 30 年代末和 40 年代初，研究人员对第一代参与者的家庭进行了访问，以了解他们的家庭生活是什么样的。他们的父母有多严格或多仁慈？目前情况是怎样的？参与度如何？父母与孩子之间是否有一种持续的积极的情感联结，或者他们是否孤僻，或者他们是否只是偶尔关注孩子？他们家经常吵架吗？简而言之，这些孩子的家庭环境有多温暖和有多少支持？

尼尔的父母都出生在爱尔兰，在尼尔出生前几个月才移民到美国。在这项研究的第一次拜访中，尼尔的母亲玛丽为研究人员沏了茶，坐在厨房的桌子旁回答有关家族历史的问题。偶尔会有一个孩子过来宣布他们完成了一项任务，或者请求允许他去见一个朋友。"孩子们都尊重尼尔的母亲，"研究人员写道，"她是一个善良的人，孩子们都围着她转，彼此都有一种温暖的感情。她特别为尼尔感到骄傲，因为他是如此优秀，她不必为他担心。"

像许多市内贫民区样本中的参与者一样，尼尔从很小的时候就开始工作。他从 10 岁开始送食品、杂货和报纸，每到星期天，他就会去镇对面富裕的"花边窗帘爱尔兰社区"（俚语：富人区），为从教堂出来的人们擦鞋。作为家中最年长的孩子，尼尔在接受本研究采访时回忆起早年的生活：他把赚到的大部分钱都给了母亲，用于家庭开支。"我把赚到的钱带回家，通常给她 4 块钱左右。她会觉得这很好。但她不知道我帽子里还有一块钱！"他经常会在下午去保龄球馆里摆球瓶，这样他们就会让他免费玩。

他的母亲特别关注尼尔对朋友的选择，当研究人员问尼尔为什么他没有像社区的其他同龄人那样总是遇到麻烦，尼尔说："我远离了麻烦。"

尼尔的父亲是一名码头工人，也很受孩子们的尊敬。他善良而坚定，不过很明显家中是尼尔的母亲在掌管家务。

尼尔是我们用来调查童年经历对参与者成年生活影响的哈佛研究参与者中的一员。我们想知道：早期家庭经历的影响能否贯穿一个人的一生？通过对初次拜访的仔细记录和评级——比如对尼尔家庭的访问——我们能够形成参与者童年家庭环境的图像。就尼尔而言，他的家庭环境是非常积极的。他的父母悉心照料他们、参与度高、始终如一，并且培养孩子的自主性。整个家庭环境总体上被评为温暖而有凝聚力的。

现在让我们把记录翻到 60 多年后，当参与者七八十岁时，我们在他们的家里采访他们。在这些访问中，我们特别关注他们与伴侣之间的安全联结。他们是否表现出爱的行为？他们愿意寻求和给予支持吗？他们是重视对方还是贬低对方？我们不仅评估他们回答的表面价值，还评估他们话语的可信度和一致性。

当我们采访尼尔和他的妻子盖尔时，我们很快发现，他们的关系很稳固。当被要求分别描述他们的关系时，他们选择的词非常相似。尼尔说："爱、沟通、温柔、深情、舒适。"盖尔说："温柔、开放、给予、理解、深情。"而且他们都在访谈中提供了丰富的例子，以有说服力的方式支持这些形容词。当时，盖尔因为帕金森病而变得越来越无力，并与之斗争了好几年。他们当时住在华盛顿州的西雅图，尼尔在那里经营着一家与人共同创办的会计公司。盖尔谈到了尼尔如何改变自己的工作安排来照顾她，他只接精力范围内能处理的客户，同时留出精力给她必要的关注。他学会了做她喜欢吃的饭菜，并承担了所有的家庭责任。但她坚持要他继续保持他的观鸟爱好，在他出门时说："给我找一个好的鸟！"

"我学到了很多关于莺的知识。"她告诉研究者。

这项研究在某种程度上贯穿了我们参与者的一生。我们特意走到数据的两个极端——从最开始到接近结束——寻找童年和晚年生活功能之间的联系。考虑到时间长达 60 多年，我们自己也不确定能否会发现这种跨关系的联系。但我们的假设被证明是准确的：像尼尔这样在早期家庭生活中拥有更亲密和更温暖经历的男性，更有可能在60多年后与他们的伴侣建立联结、依赖和支持关系。跨越60年的联系的强度不是很大，但很明显，我们参与者的童年就像一条长长的细线，轻轻地拉扯着他们之后几十年的成年生活。

在发现了这种联系之后，关键的问题出现了：这是为什么？人们童年的质量究竟是如何影响他们成年后生活的？

这就是埃米·维纳的研究、我们自己的哈佛研究以及许多来自不同文化和人群的其他研究都表明的，童年经历和积极的成人社会关系之间的一个关键联结是我们处理情绪的能力。

正是从我们孩童时期的人际关系中——尤其是从我们与家人的关系中——我们第一次学会了对他人的期望。这是我们开始养成情感习惯的时候，可以说，这些习惯将伴随我们的余生。这些习惯往往决定了我们与他人建立联系的方式，以及我们以相互支持的方式和与他人交往的能力。

这里的一个关键点是，我们处理情绪的能力是可塑的。事实上，随着年龄的增长，我们管理情绪的能力是可以变得越来越好的。有力的证据表明，我们不必等到人生晚期才学会管理情绪。通过正确的指导和一些实践，我们可以在任何年龄段学会更好地管理自己的情绪。

我们的童年经历和成年生活之间的联系并没有强到不能改变的程度。我们的任何经历，即使是成年的经历，都有改变我们的力量。例如在这项研究中，有一些参与者拥有温暖和充满爱的童年，但后来有了艰难的经历，这改变了他们对待关系的方式。也有一些参与者有着艰难的童年，但他们后来的经历帮助他们学会了如何信任和与他人建立联系。

正是因为这个原因，尼尔是一个特别有趣和令人鼓舞的案例，因为尽管他的童年早期拥有哈佛研究中最积极的经历，但这种温暖并没有永远持续下去。在哈佛研究的第一次访问后不久，麦卡锡一家的一切都改变了，未来的岁月将考验他小时候学到的积极习惯。

麦卡锡家族的麻烦

当哈佛研究小组第一次拜访尼尔的家庭时，他的母亲对他们家庭生活的许多细节非常坦诚，描绘了一幅家庭起起落落的广泛而真实的画面。但在第一次访问中，她没有提到一件关键的事情：她开始与酗酒成瘾展开了激烈的斗争。

多年来，玛丽一直以不影响抚养孩子和维持家庭稳定的方式控制自己的饮酒。她在私下里喝酒，并设法控制她喝酒的数量和时间。但在研究小组第一次拜访麦卡锡家后不久，玛丽失控了。很快，她每天都喝得醉醺醺的。由于她和尼尔的父亲开始因为她的酗酒以及酗酒对家庭的影响而大吵大闹，这个家庭变得混乱，这甚至给孩子们造成了创伤。尼尔的父母经常会发出尖叫声，有时还会使用暴力。尼尔爱他的父母，为了支撑支离破碎的家庭，他在 15 岁时从高中辍学去工作。他一直在家里住到 19 岁，帮助父母养家糊口，并为弟弟妹妹提供稳定的生活资源。正如我们在之前的案例中看到的，他早期承担工作和责任的经历在研究的贫困参与者中并不罕见。

尼尔对这段混乱的记忆历历在目，萦绕在他的余生——喊叫、暴力、伤害、压力、母亲的酗酒和全家弥漫的悲伤。他一直住在家里，直到他觉得自己再也不能帮上什么忙了。

"我不得不离开，"他在 60 多岁时含泪对研究小组的一位研究人员说，"我不得不这样做。我母亲是个酒鬼。她和爸爸经常吵架和打架。"

就像维纳在考艾岛上进行的纵向研究中的许多孩子一样，尼尔的家庭生活是一张复杂的铺展开来的网，有经历与感受、有爱与挫折、有亲密与疏远、有好有坏。和大多数家庭一样，尼尔的家庭也很复杂。

但尼尔的案例表明，我们都有能力定义自己的故事。他先是经历了一个温暖、充满爱的童年环境，后来，当他的母亲陷入酗酒时，他经历了一个混乱而艰难的青春期。这两段经历都深深影响了他。然而，他能够利用自己的积极经历来正确看待自己的消极经历，而不是往相反的方向发展。在他的生命中，还有一个陪伴着他的细心的成年人——他的父亲。这些资源给了他力量和信心来应对他所面临的任何情感挑战。

"我知道那不是我想要的生活方式，"他在接受研究人员采访时谈到了自己的青少年时代，并看着自己的父母，"打架、酗酒、尖叫。当我长大后，我不想让我的孩子经历这些，我也不想自己再经历这些。"

19岁那年，尼尔应征入伍，逃离了自己的家。他参加过朝鲜战争，退伍时获得了高中同等学力。他用退伍军人津贴上了大学，在那里他遇到了盖尔，并坠入了爱河。就在尼尔大学毕业11天后，他和盖尔结婚了。不久之后，他的母亲死于饮酒相关的并发症，她当时只有55岁。

在这一生的经历中，尼尔培养了对任何可能发生在他身上的事情进行反思的能力，并在行动前考虑自己的情绪。他能够退一步，承认自己面临的困难，给自己寻找前进的空间。而他也需要这些技能。尼尔可能经历了一个混乱、创伤的青春期，还参加过一场战争，但据他说，直到他有了自己的家庭和孩子，他才面临了人生中最艰难的挑战。

尼尔的意外挑战

在尼尔·麦卡锡56岁的时候，他和妻子盖尔已经是4个孩子的父母了，孩子们都已成年。他告诉研究小组，他的每个孩子都比他聪明，而且他强调说，他们都很善良。他的大儿子和女儿是一对双胞胎，都上了大学。他的儿子现在是一名会计，女儿琳达（我们在本章开头提到的第二代参与者）获得了博士学位，成了一名化学家。这一成就让尼尔感到惊讶，琳达是他家的第一个博士。他的二儿子很早就结婚了，住在哥斯达黎加。他说，他的小女儿露西是个聪明的孩子，很有潜力。在青少年时期，露西就对天体物理学和太空非常着迷，梦想成为美国国家航空航天局的工程师。尼尔当时说："她聪明得可怕。"

但随着时间的推移，露西遇到了一些尼尔和盖尔都不知道如何应对的挑战。露西一直很害羞，小时候很难交到朋友，小学时还被人欺负。她的家庭生活是一个安全的避风港，她的哥哥和姐姐照顾着她，但离家在外的经历对她仍然是一个挑战。高中时，她几乎交不到什么新朋友，开始逃课，并在父母不知情的情况下开始酗酒。高中毕业后，露西继续和父母住在一起。她因为缺勤被好几份工作解雇，有时会在房间里待上好几天不出来。有一次她甚至因为从百货公司偷手表而被捕。

由于母亲的经历，露西的酗酒行为尤其令尼尔担忧。他是否将一些成瘾的基因传给了露西？她会不会步他母亲的后尘？

全家人尽最大努力团结在露西身边。她的兄弟姐妹们都可以为她服务，她的哥哥蒂姆也经常打电话给她。露西觉得和他谈一些事情更舒服，而和她父母谈其他事情更舒服。尼尔和盖尔给了她似乎更喜欢的个人空间，但他们并不想与她太过疏远。盖尔努力为她寻找合适的治疗师——她找了好几位，最后才找到一位让露西感到轻松的。露西似乎正在好转，但再次陷入困境。她被诊断出患有抑郁症，并开始服药。虽然服药有帮助，但不是一个完美的解决方案。露西的两个哥哥姐姐都上了大学，她也想上大学，而到了申请的时候她又不敢去。她开始在西雅图附近的餐馆工作，与父母住在一起，有时也尝试出去独自生活。当露西25岁时，有一次尼尔在会议间隙回家，发现她坐在厨房的桌子旁无法控制地抽泣，说她不想再活下去了。他不知道该对她说什么，也害怕说错话。他取消了他的会议，做了咖啡和三明治，坐在她身边。还没等到她母亲回家，她就哭着走了。

"我们不知道该怎么办，"尼尔告诉研究小组，"我们试着陪在她身边，但我们不知如何是好。我一定要告诉她我爱她。她现在一个人住，我在她需要的时候向她提供资源。她从来不想要钱，但有时我不得不坚持这么做，因为我不想看到她流落街头。从她还是个孩子的时候起，因为她的麻烦，我就把大概80%的注意力放在了她身上，而其他孩子只得到了剩下的20%。他们从不抱怨，但我知道这对他们来说很艰难。我想，事情就是这样。"

露西的问题使她向成年的过渡更加复杂，但她的情况包含了所有家庭在面对年轻人时都会遇到的发展困境：父母什么时候应该干预而不是退缩，什么样的支持是最好的？从年轻人的角度来看，同样的困境以镜像形式存在：当事情进展不顺利时，我该如何从父母那里得到我所需要的，但仍然可以努力成为自己想要成为的成年人？

　　每个家庭都面临挑战，有时这些问题是无法解决的。西方有一种观念——尤其在美国——认为我们应该克服所有的问题。如果一个问题看起来无法克服，人们的反应往往是完全回避。这样一来面临的选择就变成了：我必须做所有的事情，或者我什么都不做。

　　其实还有一条中间道路。我们一直提倡一种直面问题而不是回避问题的策略，但面对问题并不总是等同于解决问题。有时，直面我们的家人意味着学习如何面对不舒服的情况和情绪，并且允许自己感受和表达我们试图避免的情绪。有时我们能做的最好的事情就是用一种不那么绝对、更灵活的方式回应，就像尼尔和盖尔做的那样。

　　尼尔和盖尔正处在一个十字路口：他们是否应该介入露西和她的困难中？还是他们应该退后一点，给露西更多的空间，让她自己挣扎或成长？他们纠结于这些问题的同时，他们的做法通常是面对露西的困难，而不是把它最小化或假装没有问题。当露西把他们推开时，他们并没有放手和她断绝关系，而是相反，他们给她空间，等待另一个机会。露西的哥哥和姐姐也给他们的父母和露西提供了必要的支持。在整个经历中，即使在喊叫和争吵的时候，家人之间的爱还是会展现出来。尽管他们中没有一个人是完美的，但他们尽力保持灵活：有时必须退一步，有时则必须介入，但他们从未转身离开。

　　尽管如此，像许多处于他这种处境的人一样，尼尔还是忍不住想知道这是不是正确的策略。很难说他们做得对不对，只是他担心自己会给露西带来痛苦。"我能听听你的专业意见吗？"尼尔曾在讨论他女儿的问题时问过一个比他小 30 岁的研究人员，"我还能为她做些什么吗？""你觉得我做错什么了吗？"我们很自然地会对孩子的成功和失败感觉负有责任，即使这在很大程度上不在我们的控制范围内。当孩子在生活中遇到问题时，父母常常会感到内疚。有时候，这些内疚会成为我们逃避问题的另一个理由，我们无法面对这些情绪。尼尔勇敢地说出了一个许多父母在孩子遇到生活困难时都会问的问题：这是我的错吗？

尼尔没有办法完全回答这个问题。尽管露西已经三四十岁了，但她的生活依然起起伏伏，没有成家，还染上了毒瘾。这个问题一直留存在尼尔的脑海中。

诚然，童年很重要，父母也很重要，但人生中没有任何一个因素能完全塑造他们的未来。对于孩子的成长，父母既不能承担他们认为应该承担的那么多功劳，也不能承担那么多责备。自然与教养、遗传与环境、父母与同龄人都紧密地交织在一起，所有这些都将我们每个人塑造成今天的样子。想要找到一个明确的原因来解释一个人为什么会有这种困难是不可能的。我们所能做的就是像尼尔一样，尽可能勇敢地应对我们的情绪，并以我们所知道的最佳方式做出回应。

从现在开始，纠正经验

那么，如果我们的童年经历非常艰难，甚至是创伤性的，我们该怎么办呢？对于我们这些与尼尔不同、年少时除了烦恼什么都没有的人来说，还有希望吗？

答案是肯定的。有希望，这适用于每个人，无论你的童年经历是否艰难，还是你现在发现自己身陷麻烦。童年并不是生命中唯一的经验形成期。我们在任何时候经历的任何事，都可能改变我们对他人的期望。通常情况下，一个强大的、积极的经验会对早期的、消极的经验予以纠正。如果我们在一个专横的父亲身边长大，我们可能会和一个他父亲的行为方式与我们父亲的完全不同的朋友走得很近。因为这个朋友的父亲不是我们印象中"坏"父亲的样子，我们的看法可能会发生微妙的转变。于是我们会更易于接受其他可能性。

不管我们是否意识到，我们一直都有这样的经历。生活，在某种程度上，是一个漫长的纠正经验的机会。例如，找到合适的伴侣，可以在很大程度上纠正我们在童年时期形成的假设和期望。心理治疗也可能是有帮助的，部分原因是与一个有爱心的、稳定的成年人的联系。

纠正经验也不仅仅是一个运气问题。改变我们对世界看法的机会每时每刻都在到来，但其中的大多数都与我们擦肩而过。我们常常被自己的期望和个人观点束缚住，以至于无法洞察这些机会的微妙现实。但是，我们可以做一些简单的（虽然也很困难！）事情来鼓励我们去看真正发生的事情，从而更有可能获得纠正经验的好处。

首先，我们要对困难的感觉进行调整，而不是试图忽略它们。直面挑战的一部分包括将我们的情绪反应视为有用的信息，而不是要推开的东西。

其次，我们要意识到我们的经历比我们预期的更积极。也许在你担心了好几个月的家庭聚会中，你冷静下来后意识到其实你玩得很开心。

再次，当别人表现良好时，我们去试着"捕捉"它们，就像我们建议你对伴侣所做的那样。大多数人都善于注意到他人的不良行为，却注意不到他人的良好行为。在路上，"好"司机会消失在环境中，我们根本不会注意到他们，而坏司机却很突出。我们学会预测糟糕的驾驶情况，这样当它发生时，我们就能做好准备。生活中也是如此。所以，请偶尔试着注意一下那些好司机、好人。

最后也是最有力的方法是，对与我们预期不同的他人行为保持开放的态度。我们越是希望他人行为有令人惊喜的预期，我们就越有可能注意到他们做的事情与我们的期望不符。在我们的家庭中尤其需要注意这一点。

正视当前的家庭观念

在每个家庭中，我们都会形成彼此的印象，然后我们自己一次又一次地自我确认：我的姐姐总是专横跋扈，我爸爸总是跟我过去，我的丈夫从不注意任何事情……

这就是我们所说的"你总是 / 你从不"陷阱。我们与家庭成员的经历始于生命早期，我们对关系的期望在我们身上深深地留下烙印，任何发生的事情，无论多么微妙，往往都会被压在这个旧的烙印里。我们必须记住：在我们的一生中，随着我们的成长和改变，我们的家庭成员也在改变；如果不给他们"无罪推定"的机会，我们可能就看不到他们的变化。

> 爸爸今天主动给我打了电话，平常他总是希望我是那个主动联系他的人，这对他来说是很大的进步。
>
> 我女儿今晚辅导弟弟做作业。我没想到会这样，我一定要感谢她。
>
> 我的婆婆并不总是帮助我，但最近我的孩子生病时她挺身而出。看起来她在努力，这很重要。

在第 5 章中，我们提到了一种冥想指导，它有助于提高我们每天注意和关注世界的能力，这种冥想在我们与家人互动时同样有用。问自己一个问题：这里有什么是我以前从未注意到的？

就像这个问题可以被用于问及环境一样，它也可以被用于问及一段关系。我和这个人的关系中有什么是我以前从未注意到的？我错过了什么？

例如，你去参加感恩节晚宴，并且不得不坐在那个坚持认为每个人都应该学习计算机编程代码的姐夫旁边，或者你发现自己被一个只想谈论她的宠物比熊犬的阿姨包围，这时试着让这个问题成为你的口头禅，至少在开始的几分钟（一个人只能做这么多）：这个人身上有什么是我以前没有注意到的？你可能会对你的发现感到惊讶。

有一件事我们可以肯定：我们在生活中遇到的任何人都不可能被完全了解。总有更多的东西有待发现。将这些发现放在心上，有时就能纠正那些阻碍我们与最熟悉的人——我们的家人——之间关系的偏见。

家庭关系：为什么需要麻烦？

有时候，我们似乎认为家庭会持久地存在下去——比真实更久；我们认为家人会永远和我们在一起，并且永远是现在的样子。但随着每个家庭成员进入新的人生阶段，我们所扮演的角色也会发生转变，而这些转变往往是在我们没有注意到的情况下发生的，家庭问题开始显现。青春期的孩子不需要 2 岁时那样的关注；父母或祖父母在 80 多岁时比 60 多岁时需要更多的帮助；年轻新妈妈们可能需要家庭成员的帮助，但并不需要他们的建议。有时我们可能需要问自己：在我们家庭生活的这个阶段，我对这个人扮演什么样的角色是合适的？

每个人都有不同的知识、能力和经验——这些不同形式的家庭"财富"可以在应对转变时使用。一个在童年时克服了被欺凌的兄弟也许能够帮助你正在经历同样事情的小儿子。但是为了利用这些形式的"财富"，我们必须彼此保持联系。我们还可能需要寻求帮助，或请求角色的改变。

除了角色转变带来的新挑战外，随着时间的推移，家庭可能会因为大大小小的原因而逐渐疏远。即使是很小的分歧也会导致彼此的忽视，进而导致一段重要的家庭关系走向结束。当一个家庭成员搬走时，探访的不便可能意味着整个家庭很少聚在一起。回想一下第4章中提到的"还剩下多少时间"的关系等式：对于一个很少见面的家庭成员来说，在他的余生中，一个家庭与这个人在一起的时间加起来可能只有几天。保持联系需要付出努力。如果断开联系的原因不是地理上的，而是情感上的，那么保持联系可能意味着必须发展一种面对内疚、悲伤或怨恨的意愿。

每个家庭复杂的情感网格都是独一无二的，我们的家庭以其他关系所没有的方式影响着我们。家庭共享历史、经历和血缘，这是其他关系无法做到的。我们无法取代一个我们认识了一辈子的人。更重要的是，我们无法取代一个了解我们一生的人。尽管面临挑战，但也要坚持不懈地培养和丰富这些关系，并欣赏我们从中得到的积极的东西，这些问题和对此的努力都是值得的。罗伯特想起他年轻的时候，有一段时间他对父母非常生气，一个叔叔把他拉到一边，"我知道你生气了，"他叔叔说，"但你要记住：再也不会有人这么关心你了。"

未来方向

在本章的前面，我们提供了一些要点：对意想不到的时候发生在家人身上的意想不到的纠正经验持开放态度（例如前面提到的，从不主动打电话给我的父亲突然主动联系我了）。但我们也可以积极主动地加强家庭联系。当然，适用于一个家庭的方法不一定适用于另一个家庭，但有一些普遍的原则可以帮助我们与直系亲属和大家庭建立稳固的关系。以下是一些需要思考的问题。

首先，从你自己开始。你对家庭成员有什么自动的反应？你是否基于过去的经验做出判断，而排除了其他的可能性？

我们都能做的一件简单的事就是：当我们发现自己想让某人变得和现在不一样时，我们可以问自己，为什么我不能让这个人做自己而我不去评判呢？这一刻会有什么不同？认识并接受那个人本来的样子，去他所在的地方与他见面，对加深彼此的联系大有裨益。

其次，例行日常很重要。我们在第7章提到过，活跃亲密关系的一种方法是走出常规。虽然打破常规对那些陷入困境的家庭来说是件好事，但事实上家庭关系更多是由他们的定期接触决定的。对于住在同一屋檐下的家庭来说是如此，对于分开居住的家庭来说更是如此。定期的聚会、晚餐、电话和短信都是为了把一个家庭凝聚在一起。随着生活变得越来越复杂，寻找新的活动可以帮助保持家庭联系，否则它们会"枯萎"。过去，人们更多的是通过宗教活动进行定期联系，如洗礼、斋月和成年礼。虽然这些活动仍然存在，但随着世界变得更加世俗化，一些家庭也在努力寻找替代活动。

社交媒体工具在这方面可以提供帮助。一些原本渐行渐远的家庭或许可以在网上建立更多的定期联系。视频软件尤其强大，它允许人们通过面部表情和肢体语言进行更多交流。特别是在新冠大流行期间，视频软件是许多家庭的救命稻草。

然而，我们最好记住，依赖社交媒体和视频软件也是存在风险的，会让人产生一种我们在保持重要联系的假象，而实际上这种联系相对肤浅。两个面对面的人之间才有一种神秘而微妙的情感流动。瑞秋·德马科在第5章中描述的深夜与父亲利奥的亲密对话如果不是因为她和父亲一起在房间里——灯光昏暗，家里的猫坐在她腿上——可能就不会发生。

在日常生活中也可能有一些被忽视的与直系亲属联系的机会。这些例行日常中最有力的一项恰好是最简单、最古老的一项：家庭晚餐。

任何能让家人聚在一起聊天的理由都是好的理由，而且有证据表明这可能对孩子们特别有益。研究人员发现，定期的家庭聚餐与孩子更高的平均成绩和更高的自尊有关，同时也降低了药物滥用、青少年怀孕和抑郁症的发生率。也有证据表明，经常在家聚餐会带来更健康的饮食习惯。有些文化把聚餐作为家庭生活的中心，但在西方世界，人们比以往任何时候都更喜欢一个人吃饭。在美国，成年人大约有一半的时间是一个人吃饭，这就错过了很多联系的机会。家庭聚餐是一个定期让家庭成员了解彼此生活的机会。即使一些人对这种例行日常感到厌烦，但这对于让人们感觉自己不是独单一人有重要的影响。成年人可以为年幼的孩子确立对话、分享和好奇地倾听他人经历的规则，也可以反过来从孩子那里了解文化趋势。即使你们之间并不总是有很好的对话也不要低估待在一起的重要性。有时候，重要的信息不是通过我们的家庭成员说了什么来传达的，而是通过与他们共处一室的感觉来传达的。房间之间的短信和喊叫声很难与我们一起坐在桌前哪怕15分钟的时间里所交流的内容相匹敌。如果你们的家庭日程安排没办法让你们共进晚餐，那么早餐也可以起到同样的作用。每个人都需要吃饭，我们应该尽可能多地一起做这件事。

最后，要记住，每个家庭成员都有被自己埋藏起来的宝藏，虽然在公开场合它被隐藏了起来，但这是只有他们才能提供给家庭的独一无二的东西。例如，想想那些已经积累了一生经验的祖父母，他们的代际认同感、家庭成员如何克服过去重大挑战的经历，以及他们对家族史的丰富知识储备，都能让我们以从其他途径无法获得的视角看待当今世界。家庭故事对于凝聚人心和维持联系非常重要。在一切都还来得及之前，你想问你年迈的家人什么问题？你想和孩子们分享什么？向年长的亲戚打听有关家庭的故事是保持人们联系的一种方式。短视频、电影和照片非常重要——尤其是在人们去世后。保存家族史和彼此联系的新方法一直在出现，学习和使用这些新方法对我们有益。

不是仅老一辈的记忆才有价值。如果你有兄弟姐妹，他们的成长记忆可以丰富你的成长记忆。如果你的孩子已经长大了，问他们关于童年的记忆可以让你对他们的经历和你自己作为父母的经历有一个新的看法。共享的记忆会加深联结。

在某种程度上，哈佛研究是这种家庭调查的大规模实验。当我们打开个人档案，有一种翻看家庭相册的怀旧感觉——我们是本着调查的精神来做这件事的，但你不需要资助和学术机构的支持来挖掘自己家庭中存在的宝藏，你只需要好奇心和时间。你可能会在这些过程中发现一些惊喜——好的或坏的——以丰富你对家庭的理解。

尼尔·麦卡锡的孩子们以这种方式共享了他的记忆，和他们的父亲就他的早期生活进行了几次交谈。他没有把一切都告诉他们——似乎没有他对哈佛研究报告说的那么多——但他也告诉了他们足够多的东西，让他们知道他有过一些美好的时光，也有过一些难以言说的艰难时光。

最后，最重要的事情是他们亲眼看到的：当他组建自己的家庭时，他没有逃避挑战，没有令那些让他的童年艰难的事情再度发生，他给了他的家人一份礼物——稳定的存在。即使他犯了错误，他也不会逃避，他永远都在那里。当被问及对下一代有什么建议时，他的女儿琳达给出了一个受她父亲启发的答案，她告诉研究小组："我只想说，永远不要忘记生活的真谛。这无关赚了多少钱——这是我从父亲那里学到的——而在于他对我、对我的孩子、我的姐妹、我的兄弟以及他的 7 个孙子孙女的意义，如果我能做到一半就很好了。"

9

工作中的美好生活

向关系投入精力

不要用你的收成来评价你的每一天，而要看你每天播种了多少。

——威廉·亚瑟·沃德

哈佛研究问卷（1979）

问：假设在不损失收入的前提下，你会停止工作吗？你会怎么选择呢？

在接下来的 24 小时里，全球数十亿人将起床上班。有些人能够选择他们可以一生为之奋斗的工作，但大多数人在工作类型或收入方面几乎没有选择的余地。对大多数人来说，工作的主要目的是养活自己和家人。亨利·基恩，哈佛研究中波士顿贫民区的参与者之一，他一生中大部分时间都在密歇根的一家汽车厂工作，这并不是因为他喜欢制造汽车，而是因为它能提供体面的生活。他出身贫寒，很早就开始工作。他不像约翰·马斯登（第 2 章）和斯特林·安斯利（第 4 章）那种在哈佛受过教育的人有优势，而且他挣的钱也没有那么多。但无论如何，亨利的生活都比约翰或斯特林更幸福。和亨利一样，大多数其他市内贫民区参与者的职业选择更少，工作辛苦，收入也更少，退休年龄也比接受过哈佛教育的男性迟。他们的这些工作特征无疑对他们的健康和发展能力产生了影响。然而，接受过哈佛教育的参与者的更高收入和更高地位并不能保证他们的生活就很幸福。在哈佛研究中，有许多人拥有"梦想的工作"——从医学研究人员到成功的作家，再到富有的华尔街经纪人——但他们在工作中并不快乐。一些来自市内贫民区的参与者，他们从事着"不重要的"或艰难的工作，却从中收获了满足感并体会到了工作的意义。为什么？究竟缺失了哪一部分？

在这一章中，我们将关注工作中一个重要面向——不管以什么为生，我们都经常忽略的这一点：工作中的人际关系对我们生活的影响。这不仅是因为这些关系对我们的幸福很重要，就像我们已经讨论过的，还因为它是我们工作生活中可以控制的方面，并且可能立即改善我们的日常体验。我们并不总是能够选择自己的谋生之道，但让工作"服务"于我们可能比我们所认为的可能性更大。

罗伦的两天

让我们来看一位工作者的一段生活，罗伦正在经历一些我们经常遇到的问题——无论是在研究参与者的生活中还是在我们的临床工作中。

在过去的 6 个月里，罗伦在一家医疗账单服务公司工作，负责处理几位医生的账单业务。她周围隔间里的同事都是不错的人，但她对他们不是很了解。每天她最想做的事就是完成账务然后回家。不幸的是，她最近很难按时下班，因为她的公司刚刚接手了一套新的账目，几个月来，她的上司一直把自己的工作推给罗伦，给她设定不切实际的截止日期，还指责她工作太慢。今天她的上司提早一小时就回家了，她却晚了两个小时。

当她回到家时，她的丈夫和她的两个女儿——一个 9 岁，一个 13 岁——正在吃晚餐。这已经是他们本周第三次吃比萨了。她其实很喜欢为大家做晚餐，她喜欢在做饭的时候和孩子们一起玩闹，但这周不可能了，而她丈夫是能不做就尽量不做。她总是要求他至少做一份沙拉，但他至今都没有做过。她也不再提。

她精疲力竭，大脑发晕，还穿着工作服。她和他们一起坐下来，享受几分钟的家庭时光。

女儿们聊了一会儿学校的事，她几乎听不进去。她的丈夫正在看手机。她以前和他谈过她要找一份新工作的事，他很支持，但那以后一切都没有改变，今晚她也没有精力重提这件事。她在想工作上没做完的事，明天可能又加班到很晚。罗伦的大女儿问她这周末能不能带她去明尼阿波利斯买……罗伦打断了她的话——"我们周五再谈这个吧，"她说，"等我的大脑重新运转的时候。"比萨吃完后，大家都离开了桌子。她甚至连一片都没吃到。她吃了一些剩下的饼皮，给自己做了一碗汤。今天和往常没什么两样。明天这个过程将再重复一遍。

我们认为工作和现实生活应该分开是有道理的。和罗伦一样，许多人觉得这两件事存在于完全不同的领域。我们工作是为了谋生。即使是那些有幸能够从事自己热爱的工作的人，也常常认为这两个领域是分开的，我们努力在工作和生活之间找适当的平衡。

但我们是不是遗漏了什么？在我们追求美好生活的过程中，我们所感知到的工作和生活的分离是帮助还是阻碍了我们？如果工作的价值——即使是我们不喜欢的工作——不仅在于获得报酬，还在于在职场中时刻保持活力的感觉，以及我们在与他人的交往中感受到热情与生命力，那会怎么样呢？如果即使是最普通的工作日也能提供机会来改善我们的生活以及增强我们与广阔世界的连接呢？

第二天，罗伦的同事哈维尔似乎压力很大，甚至比她更紧张。他坐在办公桌前，戴着耳机，但她仍能听到他轻微的叹息声，而且他一直在看手机。罗伦和哈维尔并不熟，但她还是问他是否一切都好。

昨天他出了车祸，而且是他的责任。没有人受伤，但他的车坏了，他的保险不包含这个。他买不起一辆新车，甚至负担不起修车的钱，但办公室太远了，没有车根本到不了。他今天是搭室友的车来的，但这不是长久之计。

"这车还能开吗？"

"勉强可以，但我不能把它开上高速公路。"

"我丈夫是汽车修理工。如果你能把车开到我家，他会以便宜的价格帮你修好，至少能让车开上高速公路。"

"我想我负担不起。"

"如果你不在乎它的外观，价格会很便宜甚至免费。你可能得买几个零件和一箱啤酒。相信我，他能用一堆垃圾造出一辆车。把车开过来吧。这是我丈夫欠我的。"

他们开始交谈，这是第一次。他们在一起工作几个月了，但彼此认为不会有什么共同点。她比他大15岁，他喜欢玩电子游戏，而且大部分时间都不跟别人来往。罗伦提到她的工作进展十分缓慢。哈维尔是某个在线论坛的常客，这个论坛主要讨论一些过时的软件，他问她遇到了什么困难，并马上发现她工作的一个关键部分可以用这个软件自动完成。

"给我一分钟。"他说，然后在她的工位上坐下。10分钟后，该软件就开始处理原本需要耗费她数小时的工作。罗伦如释重负，几乎流下了眼泪。

事实证明，他们都对实体归档系统——办公室的一整面墙——有不满，这有时使他们的工作更困难。哈维尔说，他最近也在帮另一个类似的办公室工作，但他们的归档方式不同。

他们一起去找老板，并说服他改变归档方式能有效提高工作效率。老板同意并要求他们两人制订一个计划，如何在不影响其他一切事情的情况下实现它。因此他们不得不在正常工作时间之外完成计划，并且它需要分阶段，工作量会很大。但如果老板同意这个计划，他们俩就能得到加班费。

第二天，当罗伦来到办公室时，她的桌上放着一个纸袋，里面是一条酸面包。这是哈维尔家祖传食品。罗伦很惊讶这个小孩居然会自己烤面包。

"我还会给你带更多的。"他说。

那天晚上罗伦又加了一会儿班，但没有上次那么晚了，所以她打电话给丈夫，让他等她吃晚饭——她要用酸面包做（培根、生菜和番茄）三明治。

目前发生了几件事。首先，罗伦把一个同事变成了朋友。在与其最初的交往中产生了团队合作，而他们共同的经验立刻缓解了她的压力。他们现在在同一个战壕里。她不仅在接受帮助时感到轻松，在提供帮助时同样如此。

其次，他们共同开发了一个有意义的项目。这使日常工作变得活跃起来，而这个项目的结果将使她自己的工作和生活变得更好、更轻松。她现在是办公室里的积极参与者，朝着自己设计的小目标努力。这一系列事件也将工作的成就与一段关系的建立联系起来。这是至关重要的一点。当工作上的成就与人际关系的建立相连的时候，它是最有意义的——当我们所做的事情对其他人很重要时，它对我们更重要。我们可以像罗伦和哈维尔那样成为一个团队，做一些让我们有归属感的事情，或者我们可以做一些直接惠及他人的事情，这两者都是一种社会效益。此外，我们还会从与朋友和家人分享个人成功中得到满足感：这是另一个有益的事。

最后，罗伦与哈维尔日益加深的友谊为她的工作成为她生活中更有意义的一部分提供了可能性。请求丈夫的帮助和获得一个面包似乎是偶然性的行为或事件，但事实上，这样的行为打开了两个世界之间一扇重要的门——一扇让生活中的积极元素流入工作的门，反之亦然。

我们很少能选择我们的同事。虽然这看起来像是工作中的一个缺点，但它也为那些可能永远没有机会在工作之外见面的人创造了新的机会——在工作之外就无法建立的一种独特的关系和对彼此的理解。尽管存在差异，但同事之间也可以体会到思想上的相通，就像哈维尔和罗伦这样。

工作与生活？或者只是生活？

在世界各地，成年人的生活中大部分时间都在工作。由于经济、文化和其他因素，各国之间存在差异，但无论在哪个国家，工作仍然占大多数人清醒时间的很大一部分。

平均而言，英国工人每年的工作时间不是最长的（在 2017 年调查的 66 个国家中，工作时间最长的是柬埔寨）但也不是最少的（工作时间最短的是德国），所以来自英国的个体是代表普通工人的好例子。在英国，平均每个人到 80 岁的时候，一生中大约花费 8800 小时与朋友社交，约 9500 小时与亲密伴侣一起活动，超过 112 000 小时（13 年！）在工作。美国人也以类似的方式分配时间。在任何时候，16 岁及以上的美国人中有 63% 是有偿劳动力，还有更多的人在做重要的无偿工作，比如抚养孩子和照顾亲人。这加起来就是数以万计的工作时间。

当他们到了七八十岁时，一些哈佛研究的参与者对他们在工作上花费了太多时间表示遗憾。有一个老生常谈的说法，即在人们临终前，没有人希望自己在办公室花更多的时间。这句话经常被提及的原因：它是正确的。

> 我希望我有更多的时间和家人在一起。我经常工作，就像我父亲一样，他是个工作狂。现在我担心我的儿子也是如此。
>
> 詹姆斯，81 岁

> 我希望我花更多的时间和孩子们在一起，少花时间在工作上。
>
> 丽迪雅，78 岁

> 我可能比我应该做的更努力。我在工作上做得很好，但它占用了我太多时间。我没有休过假，我付出了太多。
>
> 加里，80 岁

这是我们很多人都在纠结的问题。我们需要工作，需要养家糊口，但工作往往会让我们远离家庭。你可能以为本书会提倡放下工作，更多地关注家庭和人际关系——很多情况下，减少工作可能正是人们所需要的——但是工作、休闲、人际关系、家庭生活和幸福之间复杂的相互作用表明这需要更绝妙的解决方案。我们的工作时间影响在家的时间，在家的时间影响工作的时间，而正是这种关系形成了相互作用的基础。当出现不平衡时，有时我们可以在处理这一方或那一方（工作或家庭）的方式中找到根源。

迈克尔·道金斯是一名建筑工程师，也是一名研究参与者。尽管他对自己的工作感到非常自豪，并认为工作是他生活的核心，但他有一个共同的感受——后悔自己花在工作上的时间太多了。"我喜欢创造和学习新事物，喜欢看到自己的变化，"他说，"完成项目和我所做的事情得到认可对我来说都是很有意义的，这让我感觉很好。"然而，他对自己在家里消磨时间的方式以及在工作上过多投入对婚姻的影响感到遗憾。"你并不总是会注意到你错过了什么，"他说，"即使你在家，你也因为工作心事重重。然后有一天你回过头来，却发现一切都太晚了。"

但其他和他同样致力于工作的参与者，却能够在这种复杂的环境中茁壮成长。亨利·基恩，虽然他从来没有向研究人员过多地谈论关于他制造汽车的事，但他经常谈到他是多么享受在工作中找到的陪伴，他把工友们看作家人。他的妻子罗莎在该市就业办公室工作了30年，她对自己的同事也有同样的感受，他们两个人经常为在工作中认识的人举办大型烧烤会。很难想象有哪对儿幸福的新婚夫妇不喜欢烧烤活动。

再比如我们的高中老师利奥·德马科，他拒绝了几次行政职位的晋升，只为了继续他的教师工作，因为他与学生和其他老师的交往给他带来了太多的快乐。他的家人经常希望他能多待在家里，但他与学生和其他老师在一起度过的时间也是宝贵的，他们之间联系的力量是不可否认的。

丽贝卡·泰勒是研究参与者之一，对于工作、家庭和人际关系之间的复杂相互作用，她有着有些区别但同样普遍的经历。在46岁的时候，生活把丽贝卡逼到了角落，她发现自己过得很艰难。在丈夫突然抛弃家庭后，她离婚了，独自抚养两个孩子，并在伊利诺伊州的一家医院做全职护士。她10岁的儿子和15岁的女儿都因为父亲的抛弃而备受打击，丽贝卡尽自己最大的努力在他们父亲不在的情况下给他们提供稳定的生活。但在家庭和工作两者之间，丽贝卡被压得喘不过气来。她的时间似乎永远不够用。

"无论我做什么，我都尽力做到最好，"她在丈夫离开的 2 年后对研究人员说，"但现在我要做的只是维持生计。我每周上 3 次额外的课程以获得一些其他的证书，所以当我回到家时，我只有一点儿时间做晚饭、阅读，也许在睡觉前做一点儿家务。我和孩子们在一起的时间太短了。我知道他们感受到了我的压力，知道我陪不了他们。但现在工作决定了我的生活，我必须如此，在经济上我们需要这样做。这也不是一个那么可怕的情况，我不想说得太夸张，但工作是不间断的，钱却只是勉强够用。有时候我真想放弃。"

但丽贝卡的孩子们一直陪在她身边，这在她感觉快要放弃的时候给了她一丝力量。"有时候我回到家，他们已经把衣服洗好了，把垃圾倒了，晚饭也已经开始了。他们在这方面都很积极。他们知道我们需要一起面对。他们这么想真让我欣慰，而且这确实让我们更亲近了。我儿子才 10 岁，尽管发生了这么多事，他还是很喜欢我。我回家后他就跟着我，我们互述当天的情况。他把我的耳朵都说得磨出茧子了。我尽我所能去听他说话。但有时候，如果我那天过得不顺利，我就不怎么听得进他说的话。"

工作对我们家庭生活的溢出效应（spillover effect）是一个特别常见的担忧。我们在工作中都有不顺的时候，与同事发生分歧、我们的贡献得不到认可、因为性别或身份等其他因素而在工作中受到轻视、遇到我们可能无法达到的要求——所有这些都可能导致我们在走出工作场所回家时情绪汹涌。或者，如果我们的主要工作是在家里带孩子，那么在孩子们上床睡觉、在似乎无休止的家务劳动结束后，我们的负面情绪也可能会挥之不去。

这些每天从工作中溢出的情绪对我们生活的其他方面有什么影响？我们的伴侣和家人可能对我们下班后的感受只有最基本的了解，但他们往往是首当其冲的情绪承受者。

心烦意乱地回家

20世纪90年代，就在马克与未婚妻的关系开始认真起来的时候，他开始担心自己的工作与生活的平衡问题。他工作的时间比以往任何时候都多，他不仅担心自己失去了与他所关心的人在一起的时间，还担心他们在一起的时间会受到他工作溢出情绪的影响。

受到这些个人担忧的启发——心理学研究中常见的情况——马克开始利用他的工作时间来研究工作以及它与生活的其他部分的联系。他进行了一项研究，试图量化不顺的工作日对亲密关系的影响。

有年幼孩子的夫妻在几天工作日结束后的就寝前填写了问卷。这项研究旨在研究一个问题：当我们心烦意乱地回到家时，它是如何影响我们与亲密伴侣的互动的？

这一研究结果并不会让很多夫妻感到惊讶：工作日的不顺与夜间互动的变化有关。对于女性来说，工作日不愉快主要与更易怒的行为有关；而对于男性来说，主要与疏远伴侣有关。

研究中的许多参与者，尤其是男性，表示他们通常把工作压力留在工作场所。但该研究表明，即使我们认为我们把工作留在了工作场所，我们的情绪也会以我们并不总是能意识到的方式延续下去。对一个简单问题的无礼回答、在电视或电脑前发呆、一段很快结束的谈话——我们可能会惊讶于我们的工作情绪会给我们的家庭生活带来的巨大影响。然而，当我们的伴侣心烦意乱地回家时，我们倾向于把责任推到他自己身上，说一句熟悉的话："别拿我出气！"

当工作中的情绪蔓延到亲密关系时，我们别无选择，只有直面这些情绪。我们在第 6 章（关于对情绪的适应）和第 7 章（关于亲密关系）中讨论过一些可以使用的技巧。回家后情绪不佳导致的恶性循环通常是这样的：一个人心烦意乱回到家后，对家人的投入和耐心都减少了，伴侣或孩子对其改变的行为做出消极的回应，接着谁不高兴谁就做出更消极的反应，结果整个晚上的家庭氛围也愈发紧张。

阻止这种循环虽然困难，但也是可行的，主要方法是直接处理相关的情绪。我们可以感受我们的情绪，但不要让情绪左右我们。如果我们是那个心烦意乱回家的人，我们首先必须认识到并接受我们心烦意乱的事实，承认那些感受来自工作期间发生的事情。一旦我们承认了这些事实，花几分钟有意识地与这些情绪共处——在办公室外的停车场、在通勤途中、在家里的淋浴间——让自己不加判断地感受它们，就可以缓解一些尖锐的情绪。我们不需要反复想这些情绪的原因和所有犯下的错误，这会让我们陷入消极的思想旋涡。而相反的策略——试图忽视这些情绪或对我们的伴侣隐藏它们——往往会增强它们，我们的身体对其产生的反应也会更强烈。最有用的第一步就是意识并承认这些感觉的存在。

也可以考虑应用我们在第 5 章中谈到的一些经验（关于注意力）。当我们心烦意乱地回到家时，我们脑子里想的通常只有工作。但我们很可能对最初让我们心烦的事情还没有找到解决的办法。为了把自己从令人沮丧的思想旋涡中拉出来，你需要试着用心去注意你周围的环境，去倾听、去感受。问问你的配偶："你今天过得怎么样？"并尽力去倾听，真正地倾听。当然，所有这些说起来容易做起来难。你需要实践。

如果是你的伴侣心烦意乱地回家，而你发现自己成了对方易怒或注意力不集中的承受者，一些类似的策略可能会有所帮助。如果你能控制自己不立即回应消极情绪，退一步去想想你的伴侣到底发生了什么会是个好的开始。深呼吸，再次问那个简单的问题："你今天过得怎么样？"或者改变通常的问题，表明你不是敷衍的："看起来你今天过得不是很顺利。可以告诉我发生了什么事吗？"

　　我们在工作中不可避免地会遇到不顺的日子（或连续许多天）。但是，我们能不能为此做点儿什么呢？有时，这些烦人的情绪源于工作本身的性质，但很多时候，它们也源于我们工作中的人际关系，无论是难搞的同事、苛刻的老板，还是似乎永远都不满意的客户。通常，我们会认为这些工作关系是一成不变的，但它们并不一定是这样。到目前为止，我们所讨论的许多关于家庭和亲密关系的技巧也同样适用于工作关系。第 6 章中关于解决互动困难的 W.I.S.E.R. 模型对处理工作中的人际关系也很有用。

　　在我们波士顿贫民区的研究参与者维克多·穆拉德的例子中，他所经历的压力不是来自工作中恼人的互动，也不是来自苛刻的老板，而是来自现代职场中普遍存在的一个问题：缺乏有意义的互动。换句话说，工作中充满了孤独感。

孤独：另一种"贫困"

　　维克多在波士顿北区长大，是叙利亚移民的儿子。他是研究中几个讲阿拉伯语的人之一。北区是一个意大利人居多的社区，这常常让在孩童时期的维克多感到格格不入。在他一生的每一次访谈中，他都给哈佛研究人员留下了既有高智商又习惯性局促不安的印象。事实上，他认为他比遇到的几乎所有人都要笨。当他还是个孩子的时候，如果一个同学逃学或离家出走，他会认为那是因为那个同学太聪明了，不适合上学，或者比他更勇敢。

"维克多是一个坦率、开放、可爱的男孩，他关心身边的一切，"他的一位初中老师告诉研究者，"但他是个神经质的人。"维克多在 20 多岁的时候打过一些零工，他的堂兄开了一家服务于英格兰的小型货运公司，并给维克多提供了一份工作。维克多拒绝了，但在他结婚后，他堂兄的公司经营得更好了，并扩展到很多地方，维克多重新考虑了一下。

"我想，嗯，我喜欢独处。开卡车听起来也没那么糟糕。"他说。

几年后，维克多成为公司的合伙人，一边继续开车，一边享受分红。他为自己能过上体面的生活并为妻子和孩子维持高质量的生活感到自豪，但这种自豪感并没有减轻他的孤独感。他有时会离家好几天，也没有任何能与他经常交往的真正的朋友。在公司里，他唯一熟悉的人——他的堂兄——脾气暴躁，他们经常在公司应该如何经营的问题上产生分歧。在他工作 20 年后，他告诉研究小组，他赚的钱让他无法尝试其他东西，这份工作已经成为他生活中的一个真正的负担。"如果我有点勇气，我早就辞职了，"他对研究人员说，"但我的经济状况不允许我辞职。我感觉自己就像在跑步机上被遗忘了一样，不停地重复工作。"

像维克多一样，我们许多人对我们所做的工作并不总是有选择的余地。生活环境和经济上的需求会减少我们的选择，发现自己受困于不完全满意的工作中是很常见的。许多最不令人满意的工作也是最孤独的工作，这并非巧合。在之前，驾驶卡车、夜间保安以及某些夜班工作一直是比较孤独的工作。现在，孤独的工作在新兴的、技术驱动的行业中也很常见。例如，从事包裹运输和食品外卖服务的人，以及零工经济中的其他行业的人，这些工作往往没有同事。网上零售业现在是一个拥有数百万工人的庞大行业，但即使是在一个有很多同事的仓库里进行包装和分类，也可能是孤独的。这项工作如此快速和紧张，仓库如此巨大，以至于许多工人在同一班次可能都不知道彼此的名字，几乎没有机会进行有意义的互动。

当然，养育孩子也是一项基础的、由来已久的工作，这份工作可能和其他工作一样困难且孤独。每天几个小时没有和成年人进行对话，可能会让人感到心烦意乱。

如果我们在工作中感到与他人脱节，这意味着我们在醒着的大部分时间里都感到孤独。这是一个健康问题。正如我们在其他地方提到的，孤独会增加我们的死亡风险，其程度不亚于吸烟或肥胖。如果我们发现自己在工作中感到孤独，那可能就要靠我们自己在力所能及的范围内创造社交机会了。对于在家抚养孩子的父母来说，约会或去当地的公园玩耍（这对父母和孩子来说都是一样的）可以恢复活力；对于仓库工人来说，在换班前或换班后找机会与人进行直接的联系会是有益的尝试；对于零工来说，与他人的小互动可以是获得积极感受和从孤独中解脱的机会（在第 10 章中，我们将更多地讨论这些"小互动"的重要性）。如果我们想在工作中最大化我们的幸福感，我们需认真思考并将其付诸实践。

然而，工作中的孤独感并不只会折磨那些独自工作的人。即使是从事极度社会化工作的大忙人，如果他们与同事之间缺乏有意义的联系，也会感到令人难以置信的孤独。

盖洛普民意调查公司进行了为期 30 年的职场参与度调查，其中一个问题引发了最多的争论：你在工作中是否有最好的朋友？

一些经理和员工认为这个问题无关紧要甚至荒谬可笑，在一些工作场所，人们会警惕地看待工作中的友谊。如果员工们在闲聊，似乎相处得很愉快，有些人就会认为这意味着他们没有在工作，他们的工作效率会受到影响。

事实上，恰恰相反。研究表明，在工作中有好朋友的人比没有好朋友的人更投入。这种影响在女性身上尤为明显，如果她们"强烈认同"自己在工作中有好朋友，她们认真工作的可能性会增加一倍。

在找工作时，我们通常关注薪酬和健康福利，工作关系的问题并不经常被重视。但这些关系本身就是一种工作"福利"。工作中积极的人际关系可以降低压力，让员工更健康，减少我们回家后的心烦意乱。简单地说，它也让我们更快乐。

不公平的竞争环境：工作和家庭中的不平等

然而，在工作中寻求积极人际关系也存在一些隐患。对于那些被社会边缘化的群体来说，工作历来都伴随着额外的负担和挑战。在 20 世纪早期的波士顿，被边缘化的群体包括来自欧洲和中东贫困地区的移民，他们构成了市内贫民区样本的很大一部分。它还包括参与学生会研究的一部分女性，当今还包括在工作中持续面临障碍的女性和有色人种。当权力不平衡和偏见无处不在时，真正的关系很难建立。

"我现在很担心，"前面提到的参与者丽贝卡·泰勒在 1973 年接受采访时表示，"因为医院即将解雇几名护士，我可能就是其中之一。有一天，我无意中听到几个男医生之间的对话，他们都认为解雇任何护士都没什么大不了的，因为她们家里养家糊口的丈夫还有收入。我打断了他们！我不得不这样做！我说：'好吧，伙计们！你们根本不知道你们在说什么！你们说得好像我们女性完全没有责任在身一样，说得好像每个人的情况都相同一样。'那真的激怒了我。这是我必须说出来的想法，据我所知，管理人员也同意他们那种想法。我很容易就会丢掉工作，我不知道到时我该怎么办。"

作为一个由男性主导领域的女性心理学家，玛丽·爱因斯沃斯（我们在第 7 章讨论过的用于阐明儿童依恋风格的"陌生情境实验"的创造者）在工作场所也遭遇过性别歧视。20 世纪 60 年代初，她和她在约翰斯·霍普金斯大学的其他女同事被迫在与男同事分开的餐厅吃饭，而且她没有得到与男同事相同的报酬。早年，她被告知没有获得在加拿大皇后大学的研究职位，因为她是女性。如果她没有坚持下去，心理学领域——包括这本书——将大不相同。

在这方面，世界各地的许多职场文化都取得了很大进步，但不平等仍然存在。在美国，自 20 世纪 60 年代以来，女性在劳动力中的角色已经发生了重大变化，女性从事的工作种类比以往任何时候都更多，工作时间也更长，但是女性在家庭中的角色并没有相应的变化。阿利·霍奇柴尔德（Arlie Hochschild）在她 1989 年出版的《第二班》（*The Second Shift*）一书中表明，尽管女性在工作领域的角色发生了革命，但女性在家庭中的责任基本上没有改变，尤其是在有孩子的夫妇中。

30 多年后，这种家庭养育责任上的不平衡仍然存在，并在夫妻心理治疗中频繁出现。男性常常认为他们在家里做出了同样的贡献（而且肯定比他们的父亲做得更多），但在很多情况下，他们在家庭劳动中贡献的时间比他们想象的要少。女人可能会做饭，而男人可能只是将盘子放进洗碗机：一个需要一个小时，另一个只需要几分钟。女人可能会辅导孩子做家庭作业，男人则在孩子睡觉前给他讲故事：一个需要半小时，另一个只需要 15 分钟。每段关系的情况都是不同的，但统计数据显示，女性往往负担着更多的家庭劳动。

女性的困难并没有随着她们离开家而结束。"我也是"（Me Too）运动引发了人们对与工作场所等级制度以及权力不平衡相关的性虐待和性骚扰的关注。但即使在一个更无害的层面上，当不涉及性时，与不同权威级别的人建立真实的关系也是有风险的，这对女性和男性都是如此。权力的差异往往会扭曲甚至腐蚀各种关系。

第一代研究参与者的妻子艾伦·弗洛因德在一所大学的招生部门工作，当一个差异破坏了她在工作中的友谊时，她发现了权力失衡的危险。2006 年，当被问及是否有任何遗憾时，她告诉研究人员：

> 实际上，我确实有遗憾。虽然这已经是几十年前的事了，但我还是要告诉你。在我开始在大学工作的几年后，我与四五位与我年龄相仿的女士一起工作。严格来说，她们在我手下工作，但我们成了好朋友。我们经常进行社交活动。新来的招生主任让我给他做一份对所有工作人员的秘密评估——他们的长处和短处。我这么做了，而且我绝对是诚实的。我们办公室经理却认为我是叛徒。她把备忘录抄了一份，放在每位女士的桌子上。从那以后，我再也没有和我大学里的同事建立过亲密的关系。这一直伴随着我到今天。这结束了我和她们的友谊。她们对此事处理得很好。我们从未谈论过这件事。她们意识到我说的是真的。我尽力做到了公平。她们可能并没有因为我的话影响了她们的地位，但这肯定毁了我和她们的友谊。

当被问及她是否在这次事件后有意避免与他人建立关系时，艾伦说："当然，我想自由地与人打交道，尽可能纯粹地基于工作层面考虑。我不想受个人关系的影响，也不想被人认为受到个人关系的影响。"

艾伦选择脱离她在工作中的关系，把她的"私人关系"和她认为的"工作关系"分开。这是一种常见且可以理解的策略。如果我们尽量减少我们的社会联系，降低我们向同事敞开心扉的程度，就会减少工作中的一些麻烦。但这也可能带来新的麻烦——包括孤独感。对艾伦来说，这个策略决定了她在整个职业生涯中的工作生活，她最终后悔了。她可能会怎么做呢？直面困难——与每一位同事交谈，看看受伤的感情能否得到缓解——可能让她至少保住一些她非常珍视的关系。

这些决定对我们工作的影响不只是一个方面。关系的疏离不仅会降低我们工作时间的质量，还会阻碍知识的转移，阻碍员工的成长，尤其是年轻员工的成长。工作中最有价值的一种关系类型，也是一种权力不平衡的关系：导师和学徒之间的关系。

良师益友与传承的艺术

当我们的高中老师利奥·德马科年轻的时候，他梦想成为一名小说家。但最终，这个梦想抵挡不住他对教学的热情，他在帮助学生追求写作梦想中找到了意义。他说："鼓励他人比自己亲自做更有意义。"

就像所有的老师一样，利奥处于一个独特的位置，因为他的工作就是成为学生的导师。但在任何职业中，都有那些刚刚起步的人，以及那些已经在这个行业工作了很长时间的人。良好的导师关系对导师和学徒都有好处。作为导师，我们要有创造力。能够将我们的影响和智慧延伸到我们自己之外，并延伸到下一代，这是一种非常特别的愉悦感。我们将自己职业生涯中得到的知识——或者我们一直希望得到的知识——传递给他人，我们还能享受到处于职业生涯早期阶段的人们的活力和乐观，并接触到年轻人带来的新鲜想法。另一方面，作为学徒，我们能够提升技能，并在职业生涯中更快地发展。事实上，有些工作需要这种关系。在许多工作中，如果没有某种形式的指导或与更有经验的人建立密切的学徒关系，我们甚至不可能学会这些工作内容。拥抱这些关系并发展它们可以使每个人都有更丰富的经验。

罗伯特和马克受益于许多导师，他们塑造了他们两人的个人事业，也塑造了他们的生活。事实上，在不同时期，他们互相指导。

第一次见面时，罗伯特是马克的老板，因为罗伯特是马克心理学实习项目的负责人。马克比罗伯特小十多岁，但他在研究训练方面更胜一筹。他们认识后不久，罗伯特决定申请一笔基金，自己从事研究。他有一个临床精神病学家和教育家的既定职业，做研究意味着离开他的行政职位，从头开始。他的一些同事劝他不要这样做，说现在已经太晚了，而且过渡期会很困难。罗伯特还是去做了。但他遇到了一个问题：基金申请的一个重要部分包括复杂的统计分析，这对罗伯特来说就像古希腊语一样陌生。所以他通过与马克建立的友情和提供终生的巧克力曲奇来换取马克的指导。

这是一种复杂的关系：罗伯特是马克的老板，为了寻求帮助，他必须承认并接受自己某一方面能力的弱点；马克也要面对自己的弱点，因为罗伯特的级别高得多，拥有更多的安全感。但他们互相学习。一方具备统计知识，另一方具备丰富的经验。最后，罗伯特得到了资助，开始转向研究（尽管马克已经很多年没有收到罗伯特的曲奇了）。

随着我们年龄的增长，从学徒到导师、从学生到老师的转变，建立新关系的机会出现了，而这些机会可能来自令人意想不到的地方。指导年轻一代，与他人分享智慧和经验，是工作生活自然流程的一部分，几乎可以使任何一种工作都更有价值。生成性带来的满足感使工作中的美好生活更有可能实现。

工作转型

随着我们在人生各个阶段的进步，我们的工作也会发生转变，无论是我们晋升、被解雇、换了新工作，还是有了孩子。在每一次重大的转变中，我们都应该退后一步，从鸟瞰的角度重新评估我们的新生活：我在工作中和工作之外的人际关系是如何受到当前变化的影响的？我是否可以做出选择，以保持与对我很重要的人的联系？这里是否有我错过的新的联系机会？

与工作相关的最具影响力的转变之一也是最后的转变：退休。这是一个复杂的转变，充满了关系上的挑战。"理想的"退休是，工人在同一工作岗位上工作到规定的年限，退休后领取全额养老金，然后过上悠闲的生活——但是这并不普遍（在现代几乎已经绝迹）。

哈佛研究经常询问参与者关于退休的问题。参与研究的很多男性都坚持认为，他们的生活被工作束缚，没有考虑过这个问题。他们说："我永远不会退休！"有些人不想退休，有些人觉得在经济上没有能力退休，还有一些人难以想象没有工作的生活。一些参与者的工作状况很难确定。许多人拒绝考虑这个问题，在填写研究问卷时把退休问题留白，或者表示他们已经退休了——事实上他们几乎仍在全职工作；对他们来说，退休似乎是一种心理状态。

当我们退休后，寻找新的生活意义和目标可能是一个挑战，但这样做是至关重要的。那些在退休后过得很好的人，会想办法用新的"伙伴"来取代在工作中支撑了他们很久的社会关系。即使我们不喜欢工作，工作只是为了养活自己和家庭，但取消这个日常生活的主要项目也会给我们的社交生活留下巨大的空白。

当被问及在行医近 50 年的工作中怀念什么时，一名参与者回答说："绝对没有（工作本身）。我怀念那里的人和友谊。"

利奥·德马科也有类似的感受。就在他退休后，一位研究人员到他家拜访他，并在他的现场记录中写下了这段话：

> 我问利奥退休后最困难的是什么，他说他想念他的同事，并说他试着和他们保持联系。"我从聊天中获得精神寄托。"他说他仍然喜欢谈论教育年轻人的任务是什么，"帮助别人获得技能是件很美妙的事。"然后他告诉我，"教书几乎是全部人类的义务"。他说，教育年轻人"开启了整个探索的过程"。他说，小孩子知道怎么玩耍，"教育行业中的成年人必须记住怎么玩耍"。他说，青少年和成年人很难记住如何玩耍，因为他们的生活中还有其他"义务"。

利奥说这话的时候刚退休不久，他还在努力理解不再教书对他来说意味着什么。他回顾自己的职业生涯，思考它对他的影响以及他错过了什么。他关于成年人要记得如何玩耍的看法是他正在努力解决的问题；既然工作不再是他生活的中心，娱乐就可以再次变得重要起来。

对许多人来说，在更深的情感层面上，工作是我们感到自己很重要的地方——对我们的同事，对我们的客户，甚至对我们的家庭，因为我们在为他们提供东西。当这种重要的感觉消失后，我们必须找到新的方式来关心他人。以新的方式成为比我们自己更重要的东西的一部分。

亨利·基恩是一个典型的例子。由于工厂改革，他突然被迫退休。突然间，他发现自己有了充足的时间和精力，于是他寻找一些他觉得自己能帮上忙的志愿者机会。一开始，他在退伍军人事务局管理的一家养老院工作，然后他开始参加美国退伍军人协会和海外战争退伍军人协会。他还能够把更多的时间投入他的爱好中，比如翻新家具和越野滑雪。但即使有了以上这一切，他还是感觉不够，有些东西消失了。

"我需要工作！"他在65岁时告诉研究者，"虽然对我来说工作没什么特别重要的，但我希望能找到一份工作让我忙起来，并增加收入。我意识到我就是喜欢工作，喜欢和人相处。"

倒不是亨利需要钱——他有一份不错的退休金，他对这份退休金也很满意——而是赚钱会让他感觉自己所做的事有意义：有人在为他所做的事付钱。每个人都必须找到自己对他人重要的方式。

亨利意识到自己希望与他人相处，这也给我们上了重要的一课——不是关于退休，而是关于工作本身：和我们一起工作的人很重要。看看我们的工作场所，环顾我们的工作场所，欣赏那些为我们的生活增添价值的同事，这一点很重要。由于工作常常被经济问题、压力和担忧所笼罩，我们在那里发展的关系有时没有得到应有的重视。我们往往没有注意到我们的工作关系到底有多重要，直到它们消失。

不断变革的工作本质

在费城的东北郊区，离马克住的地方不远，有一大片土地，过去是一个家庭农场。住在农场附近的人早上开车经过时可以看到绿色的牧场，还有牛在吃草。第二次世界大战开始后，这个农场被卖给了美国政府，并被改造成一个生产炮弹和原型飞机的大型工业综合体。景色变成了建筑物和跑道，卡车在奔驰，飞机在滑行。战争结束后，这里继续进行着各种类型的制造，直到 20 世纪 90 年代末，它被出售并被改造成一个高尔夫球场。球场周围建起了住宅，人们从窗户望出去，看到的是树木、球道和行驶的高尔夫球车，终于不再是一个工业园区。30 年后的今天，在经济发生了进一步的变化之后，高尔夫球场被卖掉了，就在我写这本书的时候，这片土地的很大一部分被改造成了美国联合包裹运送服务公司分拣中心。很快，当住在附近的人们向窗外望去时，球道和高尔夫球车被一个巨大的仓库和送货车辆所取代。这片区域的变化并不是独一无二的，在全国各地，在经济发展的每一方面，我们都在见证着这些变革。

我们的波士顿内城参与者的性格形成期，从蹒跚学步到青春期，都发生在美国大萧条时期。成长在一个不能把经济保障视为理所当然的时代，这决定了他们今后的工作生活方式。对他们来说，工作通常不是为了创造美好生活，而是为了避免灾难。

这些参与者所经历的经济考验在今天也是有意义的，因为我们面临着经济、环境和技术的挑战，这些挑战在可预见的未来都会造成不确定性。亨利·基恩或韦斯·特拉弗斯在大萧条时期排队领取救济时所感受到的不确定性，与 Z 世代（也被称为互联网世代、网络世代；意指在 1995—2005 年出生的一代）的孩子在 2008 年金融危机期间看着家人被赶出童年的房子，或者在我们经历新冠大流行时年轻人所面临的不确定性直接相关。

尽管技术进步了，仍然有很多人从事着艰苦的工作，人们仍然难以满足他们的基本需求。许多人期望的随着计算机和信息时代到来的理想的繁荣只局限于某些行业和某些人，其他人的情况比以前更糟。新技术正在改变我们在工作中与他人互动的频率。人工智能正在用自动化系统取代一些工作和人员，创造更多与机器的互动而减少与人的互动。通信技术的进步使远程工作在商业、媒体、教育和其他行业的工作中变得更加普遍，永远在工作的心态可能会使人们的家庭生活成为工作领域的延伸。退一步说，虽然考虑这些变化如何影响我们的社会适能并不是当务之急，但是，我们的人际关系是影响我们健康和幸福的最重要因素之一。

在第5章中，我们鼓励你记住，我们每个人剩下的时间既是有限的资源，也是一个未知数。如果我们想充分利用我们生命中的时间——其中许多时间都花在了工作上——我们必须记住，工作是社交和联系的主要来源。改变工作的本质，你就改变了生活的本质。

新冠大流行让这一点变得再清楚不过了。数百万人被锁在家里，被解雇、被休假或被迫远程工作，他们很快发现自己失去了习惯每天拥有的联系。我们与我们的客户和同事隔绝开来。例如，罗伯特和马克开始使用远程工具进行教学、合作，甚至使用远程工具治疗患者。这需要一些时间来适应。虽然这总比什么都没有好，但和以前不一样了。

更多的技术发展是不可避免的。由于经济上的优势（无须办公室的较低成本）、灵活的工作时间和减少员工通勤的优势，无疑将会有更多的工作包括远程或部分远程的选择。这在经济上和某些后勤方面可能是合理的，但它将如何影响人的福祉？

远程工作的机会可以产生积极的影响。这让一些员工有了更大的灵活性，可以与家人有更多的联系。这对那些想要花更多时间在家里的人，或者没有机会或负担不起儿童看护费用的在职父母，以及那些通勤费用昂贵或负担沉重的人来说尤其有利。

一枚硬币有两面，远程工作也有其另一面。在家工作使我们脱离了工作场所重要的社会接触。最初我们可能会感到一种解放，并喜欢这种新便利，但正如我们在第5章中所讨论的，我们从新技术进步中经历的损失往往被其收益所掩盖，而这些损失可能是深远的，需要进行更多的研究，但当我们把尽可能多的工作搬至家里时，面对面接触的减少可能会对员工的心理健康和福祉产生重大影响。虽然在家工作的父母可能从更多地与家人接触中得到一些好处，但这样做也会给他们带来更大的负担，迫使他们在工作的同时照顾孩子。而且，这种负担很可能会更重地落在有工作的母亲和那些无力请人看护孩子的人身上。

当我们面对这些变化时，我们可以而且应该问自己一个问题：工作场所的这些技术变化是如何影响我们的社会适能的？如果自动化意味着我们与机器的互动更多、与人的互动更少，那么是否有办法在工作中培养新的社会环境？如果越来越多的人进行远程工作，我们该用什么取代过去在工作中面对面的接触呢？

当我们的大脑被新技术的奇迹和工作场所的压力所刺激时，就会对新奇和危险更敏感。与这两种感觉相比；对我们的幸福如此重要的积极人际关系的微妙电流则可能会被掩盖。如果我们的关系——工作和家庭中的关系——想要在新的工作环境中稳步发展，我们必须提升和关注它们。我们是可以做到的。如果我们不这样做，如果哈佛研究在80年后仍然存在，那么当今天最年轻的一代到了

80 多岁时，当研究人员问他们人生中是否有什么遗憾时，他们可能会像本章前面引用的第一代参与者所说的那样，回顾过去，意识到一些重要的东西已经失去了。

充分利用你的工作时间

我们常常认为我们有足够的时间来做出改变，有足够的时间来弄清楚如何改善我们的工作生活，或平衡我们的工作和家庭生活——如果我能克服当前的困难、解决当前的问题，我就有时间去思考这个问题；总有明天——但是，5 年或 10 年可能一下子就过去了。我们每隔 10~20 年对哈佛研究的参与者进行一次个人访谈，这似乎是一段很长的时间，但每当我们要求进行新的采访时，参与者往往会说："已经过了那么久了吗？"在他们看来，一眨眼的工夫，10 年就过去了。

在第 5 章中，我们谈到了一个常见的错觉，即我们总是有时间去做我们需要做的事情，而实际上我们只有当下。如果我们总是幻想着以后会有时间，那么有一天我们环顾四周，会发现已经没有时间了。我们的"当下"都将过去。

所以，明天当你起床去工作的时候，思考以下几个问题：

- 谁是我在工作中最喜欢和最重视的人？他们身上有什么可贵之处？我是否欣赏他们？

- 谁在某些方面与我不同（思维方式不同，背景不同，专业知识不同）？我可以从这个人身上学到什么？

- 如果我和其他员工发生了冲突，我能做些什么来缓和？W.I.S.E.R. 模型是否有用？

- 我在工作中缺少什么样的联系，我是否想要更多的接触？我能否设想一种方法，使这些接触更有可能或更丰富？
- 我真的了解我的同事吗？是否有我想更多了解的人？我怎样才能接触到他们？你甚至可以挑选那个看起来与你最没有共同点的人，并对他们所展示的东西感到好奇并加以询问，比如家庭或宠物照片或他们上班时穿的 T 恤。

然后，当你回家时，思考一下你的感受和你上班时的经历会如何影响你在家的时间？总的来说，这种影响可能是好的。但如果不是这样，你是否可以做出一些小的、合理的改变呢？在你下班回家之前，花十分钟或半小时的时间去散步或游泳，对你会有帮助吗？关掉智能手机一段时间以防止工作蔓延到家庭时间，这会有帮助吗？

有时我们宁愿做除工作以外的任何事情，但其实工作时间也是一个重要的社交机会。在哈佛研究中，许多最幸福的男女与他们的工作和工作伙伴都有积极的关系，无论他们是卖轮胎的、做幼师的还是做外科手术的，他们都能够平衡工作和家庭生活（通常是在经历了很多困难和协商之后）。他们明白工作和家庭是一个整体。

"当我回顾我的工作生涯时，" 2006 年，大学管理人员艾伦·弗洛因德在接受研究访谈时表示，"我有时希望我能更多地关注与我共事的人或身边的人，少关注手头的问题。我热爱我的工作。我真的很喜欢。但我认为我是一个很难相处、没有耐心、要求苛刻的老板。我想我有点希望——既然你提到了——我能对每个人都多一点儿了解。"

当我们去上班时，生活不会在门外等着我们；当我们爬上卡车的座位时，生活也不会站在路边等我们；当我们第一天上课时，它也不会透过教室的窗户窥视我们。每一个工作日都是一次重要的个人体验，如果我们能通过人际关系丰富每一个工作日，我们就能从中受益。工作，也是生活。

10

友谊，有益

我的朋友就是我的"财富"，请原谅我贪婪地囤积他们。

——艾米莉·狄金森

没人会选择没有朋友的生活。

——亚里士多德

哈佛研究问卷（1979）

问：想出你的 10 个最好的朋友（不包括家人和近亲）。你认为他们中有多少人可以归于下列的类别？

1. 亲密：我们分享大部分的喜怒哀乐；

2. 陪伴：我们因共同的兴趣而交往密切；

3. 随意：我们从不找对方。

路易·戴利 50 多岁时，研究中心的一位访谈者向他问起了他的老朋友。他说："恐怕我没有任何朋友，我最亲密的朋友是一个叫莫里斯·纽曼的人，我们是大学一年级的室友。是莫里斯让我接触了爵士乐，我现在对爵士乐充满了热情。我们在一年里关系非常好，直到他退学。从那以后，我们通过信件来往大约 10 年。然后他就不写了。5 年前，我认为我有点想念莫里斯了，所以我花了 500 美元让一家搜寻公司帮我找他。他们确实找到了他，我们又开始通信了。然后大约 3 个月后的一天，我在信箱里发现一封信，但不是莫里斯写的，是他的律师写的，告诉我莫里斯突然去世了。"

当被问及如果他现在有问题会找谁时，路易说："我是一个非常自立的人。我不太需要别人。"

利奥·德马科报告了不同的经历。当被问到是否有最好的朋友时，利奥毫不犹豫地说："伊桑·塞西尔。"他们从小学就认识了，现在仍然很亲密。伊桑住在几个小时路程外的地方，他会时不时开车过来，扑通一声坐下来就开始说话。当利奥正在谈论这段友谊的时候，电话铃响了，利奥非常激动地和电话那头的人交谈起来。挂断电话时，他说："是伊桑打来的。"

在我们的成年生活中，拥有一个朋友意味着什么？成为他人的一个朋友意味着什么？友谊在我们的生活中到底有多重要？当我们还是孩子的时候，友谊往往是最重要的，部分原因是它们如此强烈。在童年时期（甚至是青年时期），朋友之间联系的强度，只有在友谊出现问题时所受的伤害强度可以与之匹敌。如果我们感到被爱，我们的心会因充满归属感而飞扬；如果我们感到委屈或被欺负，就会留下深深的伤口。

我们随着年龄的增长而改变，我们与朋友的关系也随之改变。在年轻时很重要的友谊可能会在婚姻初期或孩子出生后逐渐消失，但在婚姻的困难时期或爱人去世后又会复苏。

所有这些都是自然的。随着人生的自然起伏，我们每个人对待友谊都有一种习惯性的方式。这种方式往往不是有意识的，而是接近于自动的。我们给朋友任何我们感觉理所当然的东西，而不是特意考虑他们需要什么。随着年龄的增长，生活变得繁忙，我们不得不在有限的时间里做选择，而我们的朋友往往是被排在最后的。对家庭和工作的责任可能比给老朋友打电话、和新朋友喝咖啡、定期打牌或每月参加读书会更重要。当然，我们在决定应该把时间花在哪儿的时候会想，和朋友出去玩一定是非常有趣、开心的，但我有更重要的事情要做。或者我们可能会想，我的友谊会一直都在——等孩子们长大了，我还可以把它们找回来……当工作不这么忙的时候……当我有空闲的时候。

事实是，作为成年人，朋友对我们的健康和幸福的影响远比我们想象的更重要。实际上，考虑到友谊所获得的关注，它对我们成年生活的强大影响是令人惊讶的。朋友可以在我们失落的时候扶起我们，在我们的个人发展过程中提供重要的联结，也许最重要的是，他们能让我们开怀大笑——有时，没有什么比愉快的时光更有益于我们的健康了。

几个世纪以来，哲学家们一直在观察友谊的深远影响。古罗马哲学家塞涅卡写道：朋友的价值远远超过他们能为我们做什么。我们交朋友并不只是为了在我们生病时有人能坐在我们的床边，或在我们遇到麻烦时有人来拯救我们。"任何以自己的利益为目的来寻求友谊的人，都犯了一个巨大的错误，"塞涅卡写道，"我交朋友的目的是什么？是为了有一个可以为之而死的人，一个我可以随之流亡的人。"

塞涅卡所说的事实是，友谊的好处有时是模糊的，不容易观察到。也许正因为如此，这些关系常常被忽视。美好的友谊并不总是呼唤着我们，也不总是在我们的眼皮子底下等待我们的注意。有时候，他们只是悄悄地走进我们的生活，然后又慢慢地淡出。

它也不一定是这样的。如果更仔细地观察，我们可能会发现，我们一直没有注意到有直接的、潜在的、有趣的机会来关注朋友，唤醒我们的社交世界——这些机会隐藏在显而易见的地方，可以深刻地改善我们的生活质量。友谊也许不需要我们的精心呵护，但它也不会自己发展。

磨难旅途中的伙伴

30年前，当罗伯特和马克第一次见面时，我们的关系主要是职业上的同事关系。我们会每周共进一次午餐，讨论统计模型、研究方法和研究设计等问题。尽管我们的谈话大多关于专业问题（偶尔也会关注办公室政治和其他八卦话题），但我们都越来越觉得对方是我们想要进一步了解的人。所以，即使我们没有什么要紧的事情，我们也会每周同一时间见面吃午饭。当然，我们慢慢有了越来越多的话题——我们的家庭、我们的爱好、童年的记忆。有一次，我们提议和妻子们一起吃顿饭。幸运的是，罗伯特的妻子珍妮弗和马克的妻子琼发现她们也喜欢彼此的陪伴。琼和珍妮弗偶尔需要一起坐着听有关统计分析的谈话，但她们愿意接受这个事。在相对短的时间内，我们四个成了很好的朋友——即使还算不上亲密朋友。

有一次，在几个月都没能共进晚餐后，罗伯特和珍妮弗邀请马克和琼一起吃饭。当时琼第一次怀孕，离预产期只有一个多月了，她和马克紧张地期待着孩子的出生，而罗伯特和珍妮弗已经有了两个年幼的儿子，所以马克和琼期待能够得到一些建议。

周四快下班的时候，也就是我们四人预定的晚餐之前，马克接到了琼的"求救电话"：在今天的例行检查中，医生告诉她需要立即去医院进行紧急剖宫产。马克跑出了公司，在路上差点撞上罗伯特。

"是琼和孩子，"马克说，"她在救护车上，正在去医院的路上。"

马克赶到时，琼的身体已经被连接到监视器上，痛苦地扭动着。医生解释说，她患有一种会危及生命的子痫前期。她的肝脏出现了衰竭的迹象，从她身后的监视器上可以看到她的血压在飙升，她不停地向马克和护士询问血压是否有所下降。马克和琼都记得医生说过，如果剖宫产操作不当，琼和孩子很可能会死。

为琼做手术准备时，马克给罗伯特打了个电话，告诉他最新情况。罗伯特告诉马克他随时都可以来医院陪马克。那天晚上的事情发生得太快了，虽然罗伯特没能赶到医院，但在那天马克所经历过的最深的担忧中，罗伯特的帮助令他感到了难以置信的强大和安心。马克和琼的家人都离得太远，无法及时赶到，他们急需一个安慰他们的朋友。

剖宫产进行得很顺利，马克和琼一起见证了他们儿子的出生，琼的血压也开始恢复正常。当他们的儿子发出第一声啼哭时——其实更像是吱吱声——他们俩都非常高兴。他提早了一个月出生，小得像只鸟，但其他方面都很健康。琼和马克太累了，他们甚至没有精力先给孩子取个名字。马克再次把情况告诉了罗伯特，并说他们要去睡一会儿。

第二天，罗伯特取消了他的会议，来医院看望琼、马克和刚出生的雅各布。

琼恢复得很慢，在漫长的五天之后，他们回家了。在一段记录马克和琼的视频中，琼拖着脚离开了医院，雅各布在汽车座椅上不安地想要离开。这不是质量最好的视频——还有一点儿抖——那时掌镜的罗伯特也不是最好的摄像师。

那些日子对马克来说变得很模糊，直到很久以后，他回想起来时才意识到，罗伯特一直在他身边，即使罗伯特帮不了琼什么，但确实起到了作用。这也让马克明白，他们的友谊不只是建立在统计和研究之上，也不仅是局限于那几次晚餐约会的美好时光，在真正重要的时候，罗伯特会在他和琼身边。而且他知道，当罗伯特需要他的时候，他也会在罗伯特身边。

这只是我们友谊生涯中诸多故事之一。在 26 年后的今天，正是这份友谊给你带来了这本书。当你想到你生活中比较困难的时候，你的脑海中可能会出现类似的故事。当逆境降临时——它终究会发生——帮助我们渡过难关的往往是我们的朋友，为我们抵御生活中的狂风暴雨。

友谊的力量不仅仅是逸事中出现的或哲学观察的东西，科学研究已经清楚地表明了友谊的影响。朋友会减少我们对困难的感知——让我们觉得不良事件没那么有压力——甚至当我们确实经历了极端的压力时，朋友的存在也会减少其影响和持续时间。我们感受到了压力，但在朋友的帮助下，我们能更好地处理它。更少的压力和更好的压力管理可以减少我们身体的损耗。

简而言之，朋友让我们更健康。

在第 2 章中，我们讨论了朱莉安·霍尔特-伦斯塔德等人在 2010 年发表的综述，该综述汇集了 148 项研究和大量数据，以分析社会联结对健康和寿命的影响。在这 148 项研究中，有一些是专门针对友谊的，以下是其中一些例子。

- 澳大利亚的一项大型纵向研究发现，70 岁以上的拥有强大朋友支持的人，在研究期间（10 年）死亡的可能性比那些几乎没有朋友支持的人低 22%。
- 一项对 2835 名患有乳腺癌的护士进行的纵向研究发现，拥有 10 个或更多朋友的女性比没有亲密朋友的女性存活的可能性高出 4 倍。
- 对瑞典 17 000 多名 29~74 岁的男女进行的纵向研究发现，在 6 年的时间里，更稳固的社会联结将各种原因的死亡风险降低了近四分之一。

这样的例子不胜枚举。我们与朋友的联结强度会对我们的身体产生可测量的影响，因为我们的身体需要友谊提供的东西。人类对朋友的需求和随之而来的合作是使人类进化为成功物种的重要原因。有朋友，有一个属于我们的群体，总是让我们更有可能在危险的环境中生存下来，朋友也能在压力重重的现代环境中保护我们的健康。无论我们多么强大、多么独立、多么自给自足，从生理上来说，我们仍然需要友谊。当处境变得艰难时，即使是坚强的人也会从拥有朋友中受益。

艰苦岁月中的宝藏

在某些方面，哈佛研究在调查友谊和逆境的关系方面具有独特的地位，因为哈佛研究历时长，跨越了不同时代——是艰难岁月中的宝藏。我们的所有第一代参与者都经历过美国大萧条。几乎所有波士顿市内贫民区的参与者都出身卑微，有些甚至是悲惨的出身，另一些哈佛大学的学生是在充满挑战的经济或社会环境中长大的。正如我们所提到的，89% 的大学生在二战中服役过，其中大约一半参加过正面战争。许多比他们小几岁的贫民区参与者参加过朝鲜战争。一些参与者面临着不得不杀人或被杀的情况，一些人目睹了他们的朋友被杀，一些人回家后患上了创伤后应激障碍。

在这些挑战中，友谊扮演了什么角色？他们的经历对我们有什么借鉴意义吗？

确实有。通过参与者对他们战斗经历的一手描述和他们与战友之间的联结，我们发现那些与战友有着更积极关系的人，以及那些在更有凝聚力、联结更紧密的作战部队服役的人，在战后出现创伤后应激障碍的可能性更低。换句话说，他们的友谊就像一种防护盔甲。在这些人生活最困难的时候，好的、值得信任的朋友是他们的缓冲剂。

其中一些关系得到了延续。我们询问了参与者与战争期间结交的朋友的晚年联系情况。一些人仍与他们的战友交换圣诞卡片，偶尔通电话，甚至旅行去看望彼此——直至生命的最后一刻。一些人甚至报告说他们与战友的配偶仍保持着联系。

然而，大多数人与这些战友失去了联系，就像他们与其他朋友失去联系一样。随着生活的继续，挑战不断到来，他们也不得不在没有亲密朋友支持的情况下度过时光。就像尼尔·麦卡锡（第8章）一样，本研究中也有一些参加过战争、亲历过战斗的人告诉我们，他们最艰难的经历发生在他们的平民生活中。离婚、事故、配偶或子女的死亡，以及其他各种紧张的、有压力的经历都发生在他们身上。但随着年龄的增长，他们对友谊的关注往往会减弱，直到他们发现自己面临着没有朋友支持的压力。与他们参加战斗时不同，他们没有同伴可以求助或分享，没人帮他们渡过难关。

凋零的友谊

翻阅研究报告的档案，不难发现那些在晚年对自己的友谊走向感到遗憾的男人——其中包括像斯特林·安斯利（第4章）或维克多·穆拉德（第9章）这样的极端与世隔绝的案例，还有一种更常见的孤独贯穿着整个研究过程，即男性在他们成年生活的各个阶段中亲密朋友越来越少——当他们有机会谈论他们的友谊状态时——这是他们在研究调查之外少有的机会——这些男人几乎总是声称他们缺乏亲密朋友是因为他们的自给自足和独立。但与此同时，许多人表达了对亲密朋友的渴望。

"许多像我一样的男人对没有更多亲密的朋友感到遗憾，"一位参与者告诉研究者，"我从来没有过一个真正亲密的朋友。我妻子的朋友比我多。"

尽管这种经历在研究中很常见，尤其对男性来说，但没有强有力的证据支持这种观点，即男性在某种程度上"天生"是情感独立、坚忍和厌恶亲密关系的。相反，这种对友谊（和一般的关系）的态度很可能主要是文化力量的结果。例如，性少数群体中个体之间的友谊模式通常与异性恋个体不同，而且随着年龄的增长，男性进行社交生活的方式可能存在代际差异。

男性和女性之间的友谊模式差异实际上是很小的。许多纵向研究表明，来自不同背景的男性青少年与亲密朋友之间的密切联系打破了性别刻板印象。例如，心理学家尼奥贝·韦（Niobe Way）研究了黑人、拉丁裔和亚裔美国青少年之间的友谊，他们和我们的贫民区参与者一样，在大城市的普通环境中长大。

"分享秘密或与最好的朋友亲密交谈，这是在我的研究中男孩们对最好的朋友的定义。"韦写道，例如：

> 麦克在大一的时候说："（我最好的朋友）可以告诉我任何事，我也可以告诉他任何事。就像我总是知道他的一切……我们相处总是很放松，就像我们从不向对方隐瞒秘密一样。我们互相倾诉遇到的问题……"大二的学生埃迪说："我们的友谊就像一种纽带，我们互相保守秘密，如果有什么对我很重要的事情——比如我的家庭出现了问题之类的——我可以告诉他，

他不会取笑我。"虽然男孩们谈到了喜欢和朋友们一起打篮球或玩电子游戏，但他们谈到最好的朋友时强调的是一起聊天和分享秘密。

随着男孩进入青春期晚期和成年早期，友谊往往变得更加谨慎、更不自由。这是为了应对不断变化的生活环境，对男性和女性来说都是如此——工作和恋爱关系都可能成为友谊的阻碍。但对于男性来说，通常还有另外的更强大的文化力量在起作用。在世界上的许多文化中，随着年龄的增长，男孩被鼓励展示他们的独立和男子气概，他们开始担心与男性朋友的情感亲密会让他们显得不那么有男子气概。随着时间的推移，朋友之间的某些亲密关系就会消失。

青春期女性的友谊当然也会受到她们自身的许多压力和约束，但在许多文化中，女性被期望在十几岁之后继续保持和培养这些亲密的交流。这些期望可能有助于进一步的亲密关系，但也可能导致女性在亲密关系中背负更沉重的负担——帮助去解决他人面临的情感挑战。

1987 年，哈佛研究向第一代参与者发放了一份调查问卷，如果他们已婚，则向他们的妻子发放第二份问卷。那一年，这项研究特别感兴趣的一件事是夫妻双方与朋友的相处经历。

他们被问道："你对朋友（除妻子以外）的数量和亲密程度满意吗？" 30% 的人说他们不满意，并希望得到更多。当他们的妻子被问及类似的问题时，只有 6% 的人表示不满意。

大约在同一时期，社会学家莉莲·鲁宾（Lillian Rubin）也在做一项重要的研究——为什么男性和女性对友谊的体验似乎不同。

鲁宾发现，女性比男性更愿意与朋友保持联系。他们之间关系的本质也有所不同：男性更倾向于在活动中建立友谊，女性则更倾向于在情感上亲近，彼此分享亲密的想法和感受。女性有更多面对面的友谊，男性有更多肩并肩的友谊。

鲁宾的观察在对多项研究的回顾中得到了一些支持，但随着这一主题的研究越来越多，有一点已经变得很清楚：考虑到我们的文化假设，实际上男性和女性在友谊中所寻求的东西在性别差异上比我们预期的要小。

例如，研究表明，女性通常比男性对友谊中的亲密交流有更高的期望，但这种差异很小。在心理学上，群体之间的微小差异意味着两个群体之间的重叠是规律而不是例外。总体而言，研究表明，大多数人都希望也需要从朋友那里获得类似的接近和亲密——这无关他们的性别。

哈佛研究的核心：友谊

当研究参与者收到邮寄的调查问卷时，其中不仅附有一个回邮信封，还附有一封来自哈佛研究人员的友好信函。多年来，工作人员和参与者之间有大量的信件往来，快速浏览一下参与者档案中的这些信件就会发现他们之间所建立的联系有多深。在第一代参与者的心目中，这些信件末尾的一个特别的名字成了哈佛研究的代名词：李怀斯·格雷戈里·戴维斯（Lewise Gregory Davies）。

当阿利·博克（Arlie Bock）刚刚开始这项研究时，接受过社会工作者训练的李怀斯就加入了这项研究。随着研究的扩大，李怀斯越来越多地参与到与参与者的关系延展中。他们渐渐开始知道她的名字，会给她写一些最近的个人生活情况（尽管他们的调查问卷涵盖了大部分细节），如果他们没有及时寄回调查问卷，她会向他们了解情况并给予鼓励提醒。李怀斯视他们为朋友，甚至把他们视为第二家庭。他们中的许多人出于对她个人的情感回复了问卷和采访请求。

最终，李怀斯退休了，但在她丈夫去世后，她发现自己很想念在研究中结识的朋友，所以她又回来了，继续她的工作。正是李怀斯和其他人对这项研究的个人投入，近 90% 的参与者在 80 年的时间里一直参与了这项研究。我们的参与者知道，他们不仅对这项研究很重要——虽然其中大部分研究他们永远不会看到——而且对李怀斯也很重要。1983 年，在李怀斯第二次退休后，她给所有参与研究的人写了一封简短的便条，最后一次感谢他们给她带来的人生中最重要的经历之一：

> 亲爱的朋友们，
>
> 　　这些年来，我一直珍视与你们及你们家人的友谊。这些回忆就像我生命中的一盏明灯。你们对研究的忠诚和奉献深深打动了我。愿你们和你们所爱的人在未来的岁月里幸福美满。
>
> 　　　　　　　　　　　　　　　你们的老朋友和好朋友
> 　　　　　　　　　　　　　　　李怀斯

这是一种可能看起来并不重要的关系。许多参与者只与李怀斯见过一两次面，有些人可能从未见过她，但她是他们生活的一部分，许多人都很高兴能认识她。这似乎是一段微不足道的关系，但实际上远非如此。就像第 9 章中的罗莎·基恩一样，李怀斯在工作中培养了强大的人际关系，并在这个过程中获得了个人成长。如果不是所有这些微小的联结，以及伴随而来的短暂但积极的感觉，哈佛研究可能就不会有今天。

不重要关系的重要性

当被问及对真正的朋友的定义时，罗莎的丈夫亨利·基恩给出了一个我们很多人可能都会同意的答案：

"真正的朋友是一个你总是可以依靠的人，在你需要的时候，他会给予你陪伴或帮助。"

这种友谊被社会科学家称为"强关系"。我们知道，这些人会在我们遇到困难时支持我们，在我们遭遇挫折时鼓励我们，在他们遇到困难时我们也会支持他们。当我们大多数人想到"重要的朋友"时，这些关系就会浮现在脑海中。

但是，一段关系并不一定要成为我们最频繁或最亲密的接触才有价值。事实上，我们很少有人意识到，我们一部分最有益的关系可能是与我们不常相处或不太了解的人的关系。甚至与完全陌生的人互动也有潜在的好处。

想想最常见、最简单的互动：买一杯咖啡。当你去咖啡店的时候，你多久和服务员说一次话？你有多少次真心实意地问他们在做什么，或者他们当天的工作情况如何？你可能有这样做的习惯，也可能没有，但不管怎样，我们大多数人可能不会认为这些互动是"重要的"。真是这样吗？这些互动到底重不重要？

在一项有趣的研究中，研究人员将一组参与者（想喝咖啡的人）分成两组：一组被要求与咖啡师进行互动，另一组则被要求尽可能快地买完离开。就像我们在第2章提到的"火车上的陌生人"研究一样，研究人员发现，那些向咖啡师——在这种情况下，是一个完全陌生的人——微笑、有眼神交流并进行社交互动的人，比那些被要求尽可能高效买咖啡的人，离开时的感觉更好，有更强的归属感。简而言之，与陌生人的友好时刻也是使人开心的。

一些微小的瞬间就可以让我们的情绪振奋起来，帮助我们平衡一些压力。与公司保安的简短交谈可以缓解通勤的烦恼；当我们向邮递员打招呼时，疏离感可以得到缓解。这些微小的互动可以影响我们一整天的情绪和能量。如果我们养成了寻找和注意这些日常提升情绪的机会的习惯，随着时间的推移，它们可以产生深远的影响。不仅是对我们自己，对我们的整个社交网络也是如此。反复的偶然接触已被证明可以促进更紧密友谊的形成。有时，即使是最不经意的接触也能给我们带来全新的体验。

"弱关系"的长期影响

泛泛之交可能是我们最容易忽视的关系。它们既不占用我们很多的时间，也不以明显的方式影响我们的生活。但现在有大量的研究表明这些关系的好处（社会科学家称之为"弱关系"——这不是我们最喜欢的术语，因为有时它们并不弱）。当我们陷入困境时，我们可能不会求助于这些关系，但它们仍然会在我们的生活里给我们提供良好的感觉或能量，以及与更大的群体的联结感。

社会学家马克·格兰诺维特（Mark Granovetter）的一项重要研究表明了这些偶然关系的重要意义。格兰诺维特认为，这些我们只是浅浅认识的人为我们创造了通往新社会网络的重要桥梁。这些桥梁使不同的、通常令人惊讶的想法得以流动，使本来无法获得的信息得以流动，使机会得以流动。例如，格兰诺维特已经证明，培养弱关系的人更有可能找到更好的工作。当你增加你社会系统的复杂性时，就会有更多的事情发生。弱关系也可以让我们觉得自己所处的群体范围更广。我们与所属社交圈之外的人交谈得越多，与他们联系并将我们与他们之间的经历人性化，当冲突发生时，我们就越有同理心。

看看第4章中你的社交宇宙图。或者，如果你没有自己作图，就想一想你的朋友圈，以及你每天的互动类型。你和其他社会群体有联系吗？是否有机会让你接触到新的或不同想法的朋友？是否有机会在你的社交宇宙中培养一些"弱关系"？

这些随意的关系也是最容易变化的：随着我们生活的变化，它们往往也飘忽不定。哈佛研究参与者与李怀斯·格雷戈里及其他哈佛研究人员的联结之所以得以维持，是因为多年来的系统努力和奉献，大多数疏远或泛泛之交的关系不会得到这种关注。

在第3章中，我们讨论了随着人生中所处位置的变化，我们的人际关系也会发生变化，对朋友来说尤其如此。通常情况下，我们的友谊地图会出现缺口，因为我们的生活不再能够那么轻松容纳某种关系。我们已经从大多数晚上和周末都有时间和朋友出去玩的年轻人变成了几乎没有独处时间的父母，或者我们已经从满是会议的繁忙工作中过渡到期待已久的退休自由中，但是突然发现自己比预期的更孤独。我们的社交生活并不总是随着我们人生发展而保持同步。

不同时期的不同朋友

在某个夏日漫步于城镇街道或社区，你可能会看到处于人生各个阶段的人们之间的友谊剪影：青春期的男孩女孩们在进行团队运动；中年人聚在一起喝咖啡或一起出去跑步；一群在游乐场带着蹒跚学步的孩子的父母在聊天；八旬老人相约在公园里下棋。

我们所处的人生阶段对友谊所扮演的角色和我们拥有的友谊类型有很大的影响。新的友谊往往产生于特定的生活情况，它们也可以帮助我们驾驭这些情况。

青少年通过一起发现新事物并分享彼此的想法和感受来建立联结。大学生们被第一次独立生活的体验所包围，在共同的挑战中建立联结，并在此过程中发展对彼此的信任。初为父母的人渴望获得育儿方面的第一手信息，致力于寻找了解他们的经历并可以提供情感与实际支持的人。正如我们讨论过的，给予帮助和接受帮助对我们的幸福同样重要，所以走在更前面阶段的父母（就像罗伯特和珍妮弗）也可以从提供这种类型的支持中受益。在特定生活阶段的联结可以是很强大的，因为和这些朋友一起经历了一些有力量的事情。当生活再次发生变化时——它总是这样——这些友谊可能会消失。但有时，即使是短暂的密切联系也能建立起持续几十年的友谊，并在人生的所有阶段经久不衰。

我们并不总是与朋友们步调一致地走过人生的各个阶段。可能有一些朋友在过去与我们很合拍，但现在突然和我们的生活格格不入了。如果我们想要维持这些关系，我们必须更加努力地弥合差距，了解这些朋友的生活是什么样的。

这种情况经常发生在那些还没有找到伴侣但他们的朋友已经结婚生子的人身上。突然间，这些单身成年人发现自己身处一个不同的世界：谈话主题都围绕着婴儿和纸尿裤。没有孩子的朋友会感到被抛弃。与其说是嫉妒的感觉，不如说是失去了一种似乎可以永远存在的联结。

但是，随着每一次从一个人生阶段进入另一个人生阶段，我们自然会失去某些友谊。在大量的研究参与者中，无论男女，有一个共同的主题是退休后失去朋友。正如我们在第 9 章中所讨论的，对一些人来说，工作是社交世界的基础。当它被移除时，我们的社会适能会受到影响。

这发生在皮特·米尔斯身上，他是我们的学生参与者之一。当他从律师的职业生涯中退休后，他有点担心地意识到，他之前的整个社交生活都是围绕着工作建立起来的，而他需要积极地重建他的社会联结。为了找到一些新朋友，他和妻子开始打保龄球。

"我问他们有多少娱乐活动，"哈佛研究的一位研究人员在她的现场记录中写道：

> 他说，周一晚上，他们打完保龄球后，20 个人一起"喝酒和吃大餐"。周五晚上，他们 6 个人吃了晚餐。他擦地板，她打扫灰尘。
>
> 我问他们两个人在一起做什么是最快乐的。他说："我们经常社交。"保龄球队每月聚一次。他们还有一个戏剧阅读小组，也定期聚会。"她读书的声音没有我大。"他调皮地说道。
>
> 我问起他与家人之外的人的联系，他说："我们与他人产生了很多联结，和很多老朋友都保持着联系。这工作量还挺大的。别人都不这样做，所以你必须自己主动联系。"我问他认为谁是他最亲密的朋友，他想了想，提到一对夫妇，他们经常聚在一起逛博物馆，分享旅行故事和照片。他说："这个戏剧阅读小组里还有好几个人都是我非常要好的朋友。"他也觉得和住在剑桥的"唯一在世的大学室友"很亲近，但他承认他不再经常见到他了。"也许我们最亲密的朋友现在就在这里。"他说。大多数是在他退休后的几年里认识的人。

皮特是积极寻找和维持朋友关系的一个很好的例子。而且他是对的：与老朋友保持联系是一件很麻烦的事情，很多人都觉得难，或者不愿为此费心，但他和妻子都倾向于这样做，特别喜欢大型聚会。我们并不都是这样。不是所有人（甚至不是大多数人）都会对一个月好几次在家里招待 20 个人感到兴奋。但关键在于要了解什么样的关系能帮助我们良好地发展。我们是否有足够的联结？如果没有，我们是否可以朝这个方向采取一些行动？

未来方向

倾听是一种有磁性的奇怪的东西、一种具有创造性的力量……真正倾听我们的朋友是我们应该去亲近的人……当我们被倾听的时候，它创造了我们，使我们显露、展现自己。

布伦达·尤兰

友谊是最容易被忽视的关系之一。在哈佛研究参与者的一生中，我们一次又一次地看到，由于忽视，男性和女性的友谊都恶化了。使友谊美妙的原因也是使之短暂的原因：友谊是自发的。但这并不会降低它们的重要性。所以你可能需要有目的地维护已经拥有的友谊，并建立新的友谊。

人们最常问的一个问题是，我需要多少朋友？五个，十个，还是一个？

不幸的是，我们不能为你回答这个问题！人与人之间太不一样了。你可能觉得和两个亲密的朋友在一起的状态是最好的，或者你可能觉得有一大堆朋友才是最好的，因为你可以和他们参加不同的活动，或者邀请他们参加大型聚会。根据你所处的人生阶段，你会发现自己需要不同的东西。你可能会开始关注你关心的事业和活动，并围绕这些结交新朋友和社群。要发现什么对你来说是最好和最有成就感的，需要一些自我反省。但关于生活中的朋友，有以下几点是需要考虑的。

朋友关系可能会遭遇家庭关系所遭遇的一些相同的问题：长期冲突、无聊厌倦、缺乏好奇心、注意力不集中。

学会倾听你的朋友。正如布伦达·尤兰所建议的，倾听对听者和被听者都有好处。为了真正吸收他人的经验，我们需要鼓励听者和说者都"展开"，从各自外壳中走出来，而我们的生活也会因此变得更丰富。在生活中，我们都有一些敏感的地方，使最亲密的对话难以进行——但回报是值得的。例如，人们通常对自己的疾病保密，既希望能够分享，又担心给朋友带来负担。只要你在他们提到医疗问题时表现出你想听到更多，就足以打开这扇门。

被倾听让我们感到被理解、被关心和被关注。只要在朋友身边倾听，你就能创造一个环境，让自己也被看到和听到……但你得有足够的勇气给你的朋友们说点什么。在友谊中，一个人更愿意倾听，而另一个人更愿意说，这种情况也经常发生。弄清楚你是哪一种，也许会有机会平衡一下。最牢固的友谊往往是双向的。

想想你生活中的裂缝。友谊会给我们带来伤害，这些伤害会被我们长久地埋藏起来。但朋友之间的裂缝不一定是永久的。有时候，只需要一个简单的认错，或者抛出橄榄枝——一条友好的短信、一次共进午餐的邀请、一个简短的生日电话——就能修复过去的创伤。有时候，我们会理直气壮地保护这种伤害，比保护友谊本身还要顽强，但放下怨恨才可以让我们从这种负担中解脱出来。

最后，想想你的社交习惯。我们经常和最常见面的朋友陷入

"例行公事"之中。我们一遍又一遍地谈论同样的事情和同样的问题。你是否希望从某个特定的朋友那里得到更多？你能给予更多吗？也许你还有更多想知道的关于那个朋友的过去，或者你们两人可以一起探索新事物。

读到这一章，你可能会认为这些努力超出了你的能力。你可能会感到孤独，但你也觉得自己的习惯已经固定了。旧的社交习惯很难改变，而且我们都有某些心理上的阻碍，如害羞或厌恶人多的场景，这使得改变我们的社交环境变得困难。也许你觉得改变对你来说已经太晚了。

如果这是你的状态，你并不孤单。在一些哈佛研究参与者中，无论性别，有一个普遍的观点，那就是在成年后的某个时刻，我们变得不可能改变友谊的性质。在研究中，对孤独的表达往往会伴随着这样的陈述："我想事情就是这样的……"或者"生活太忙了，没有朋友……"即使是正式问卷的书面答复中，你也可以从参与者的回答中听到放弃。

安德鲁·迪林就是其中之一。在内心深处，他坚信他的生活永远不会改变。和许多人一样——也许和你一样——他认为一切已经太晚了。

对我来说太晚了

安德鲁·迪林是活得最艰难和孤独的参与者之一。他从小就没有父亲，他的母亲和兄弟姐妹需要不断地从一个地方搬到另一个地方，他没有结交任何长久的朋友。在他刚成年的时候，他仍在寻找有意义的友谊。34岁时他结婚了。妻子对安德鲁很挑剔，对大多数社交场合都很反感，她谁也不想见，也不想让他见任何人。他们从不外出，也很少有人来拜访。他的婚姻是他生活中最大的压力源之一。

　　生活中唯一让他快乐的事就是他的工作。他是一个钟表修理工，喜欢把老式的老爷钟和布谷鸟钟拆开，再让它们重新走起来。人们总是带着关于自己钟表的家庭故事走进来，能让这些顾客的传家宝重现生机让他感到非常高兴。在他快 50 岁的时候，当被问及打算什么年龄退休时，他写道："我不确定。我从 8 岁起就一直在工作。工作使我感觉活着。退休听起来就像是路的尽头，所以我想继续工作。"

　　在他成年后的大部分时间里，他的幸福感和生活满意度都很低。45 岁时，在极度绝望的时刻，安德鲁企图自杀。20 年后，他仍在挣扎。"我想过结束我的生命。"他在一份问卷的空白处写道。

　　在他 60 多岁的时候，当被要求描述他生命中最亲密的朋友以及他们对他的意义时，安德鲁简单地写道："没有。"当被问及他以什么为乐时，他写道："除了上班，我什么都不做，我一直待在家里。"

　　当安德鲁 67 岁时，他的视力已经恶化到无法再进行钟表修复的精密工作，他被迫退休。此后不久，他有生以来第一次去看心理医生。在那里，他谈到了自己在这个世界上是多么孤独，以及不得不结束自己的工作是多么悲伤的事。他说他有自杀的想法。治疗师问他是否想过离开他的妻子，安德鲁说没有。他觉得这样对她太不厚道了。但这段对话一直萦绕在他心头。第二年，68 岁的他虽然没有和妻子离婚，但还是和她分居了，独自搬进了一间公寓。

　　现在，尽管安德鲁因为摆脱了婚姻的束缚而松了口气，他却感到前所未有的孤独。一时心血来潮，他决定去他家附近的健身俱乐部锻炼一下，把自己的思绪从烦恼中解脱出来。他开始每天都去，并注意到他日复一日地在那里看到同样的人。有一天，他向另一个常客打招呼并介绍自己。

3个月后，安德鲁认识了俱乐部里的每一个人，他的朋友比他一生中任何时候都要多。每天他都期待着在健身俱乐部度过的时光，他开始在俱乐部之外与他的一些朋友见面。他发现他们中的一些人喜欢老电影，于是他们开始聚在一起为彼此放映他们最喜欢的电影。

几年后，当被问及是否感到孤独时，安德鲁回答："是的，经常感到孤独。"毕竟，他现在是一个人住。但当被问及他的生活在1~7分的范围内有多理想时，安德鲁打了7分，代表"接近理想状态"。尽管他仍然感到孤独，但他的生活比以前充实多了，他几乎无法想象还能有比这更好的状态。

在那之后的8年，也就是直到2010年，安德鲁仍然和许多同样的朋友保持着密切的关系，甚至进一步扩大了他的社交宇宙，他对自己改变了自己的生活表现出极大的欣慰。几年前，当有人问他多久离开一次家去看望别人或让人来看望他时，他回答说："从来没有。"而当他80多岁被问到同样的问题时，他回答说："每天。"

因为生活环境千差万别，因为人本身随时间千变万化，所以不能对一个人的生活中"什么是可能的，什么是不可能的"一概而论。安德鲁是研究中最与世隔绝和孤独的人之一，但他找到了解脱之道。他改变了自己的生活，与他人建立了联结，并在这个过程中以一种使他感到有价值的方式将自己融入了这个世界。

我们生活在一个渴望增进人与人之间联结的世界。有时我们可能会觉得自己在生活中漂泊不定，觉得自己很孤独，觉得自己已经过了可以做任何事来改变这种状况的年龄。就像安德鲁曾有过的这种感觉，当时他认为他早已过了那个阶段。但他错了。这还不算太晚。因为事实是，永远都不会太晚。

幸福永远都不晚

哈佛研究问卷（1983）

问：每个调查都会改变被调查者。在过去的几十年里，哈佛研究给你的生活带来了什么改变？

1941 年，亨利·基恩 14 岁，身体健康。虽然他住在一个被定义为贫困的社区，这种贫困让他认识的许多孩子都陷入了困境，但亨利避开了这条路。出于对其中原因的好奇，一位来自哈佛的年轻研究员在一个下雨天走上了亨利家所在公寓的三楼，与亨利和他的父母商议参加一个前沿研究项目的事。研究员希望对他进行定期的身体健康检查，并在几年的时间里定期与他谈论他的生活，看看他们能从波士顿最贫困地区的小男孩的生活中了解到什么。将近 500 个来自波士顿其他社区的同龄男孩也被招募进来，其中大多数来自像亨利这样的移民家庭。

亨利的父母虽然对此持怀疑态度，但这位研究人员看起来值得信任。他们同意了。

在此之前的几年，哈佛大学二年级学生利奥·德马科和约翰·马斯登在学生健康服务办公室约了阿利·博克见面，博克为他们报名了一个类似的研究，研究是什么让年轻人茁壮成长。在第一次两个小时的访谈后，他让他们两人下周再来。

约翰说："我实在想不出你还会问我什么。我从来没有想过我有超过两个小时的时间来谈论自己。"

这两项研究都打算持续数年。也许是十年，如果他们能找到更多的资金支持。

这三个孩子的人生还有很长的路要走。今天，看着他们的报名照，罗伯特和马克感到一种神奇和怀旧感，就像我们看到老朋友的照片一样。没有参与者能够知道他们之后将面临的挑战，没有人知道生活将把他们带到哪里。

他们的一些同伴，像他们一样的男孩，有些在即将到来的战争中丧生，有些人死于与酗酒有关的并发症，有些人变得富有，有些人甚至成名。

有些人的生活是幸福的。有些则不然。

80多年后的今天，我们知道亨利和利奥是幸福的那一类。他们成长为积极、健康的男人，对世界有着积极和现实的看法。我们看他们的档案——看他们的生活——在厄运、悲剧和艰难时期的流动中，我们看到了一些幸运的突破。他们坠入爱河，他们爱自己的孩子，他们在自己的社区中找到了意义。他们的生活大体上是积极的，他们对自己的生活心存感激。

约翰属于不快乐的那一类。他的生活一开始就享有特权，包括物质财富，而且还抓住了一些幸运的机会。他是个聪明的学生，上了哈佛大学，并实现了成为一名成功律师的梦想。但他的母亲在他16 岁时去世，他小时候也被欺负了很多年。随着时间的推移，他对人产生了戒备心，并习惯性地以消极的方式应对世界。他很难与他人沟通，当他遇到挑战时，他的本能是远离最亲近的人。他结过两次婚，但从未感到自己被真正爱过。

如果我们能回到约翰 19 岁拍照的那一天，我们会如何帮助他？我们能否用约翰帮助研究小组发现的一些东西来帮助他应对自己的生活？我们可以对他说，这是我们研究中的某个人的生活。他是这样生活的，而你应该做得更好。

但是，许多最重要的发现，是在参与者已经活了大半辈子之后才出现的。所以他们并没有从我们所做的研究中受益，而这在当时原本可以给他们很大帮助的。

这就是我们写这本书的原因：与你们分享我们无法与他们分享的东西。因为大量关于人类发展的研究——我们的纵向研究和其他几十个研究——都清楚地表明，无论你多大年纪，处于生命周期的哪个阶段，无论你是否已婚，内向或外向，每个人都可以在生活中做出积极的转变。

约翰·马斯登是个化名。为了保护他的身份，他的职业和其他身份信息都被修改了。这个名字背后的真实人物已不幸去世。这对他来说已经太晚了。但如果你正在读这本书，对你来说还不算太晚。

被审视的生活

人们经常问及哈佛研究：研究调查是否影响了参与者的生活？数据是否被海森堡效应（海森堡效应是指参与者的生活是由自省行为塑造的）扭曲了？

这是阿利·博克和所有后来的研究主任以及研究人员都感兴趣的问题。一方面，这是一个无法回答的问题。俗话说，我们不可能两次踏入同一条河流中：我们没有办法知道每个参与者如果没有参与这项研究，他们的生活会是什么样子的。然而，参与者自己有一些想法。

"我并不认为它有任何影响。"这是一个最典型的回答。

"这只是一个谈话的主题！"这是另一个典型的回答。

约翰·马斯登的回答很简单："没有。"

约瑟夫·西奇（第7章）也写道："没有。"然后给出了他这样认为的原因："我没有得到我可以转化为有用信息的反馈。"

然而，也有人承认，他们通过这项研究调查来思考自己的生活，让自己对不同生活方式的可能性更开放了。

一位参与者写道："这项研究让我每隔两年就重新审视自己的生活。"

另一位参与者阐述了他的整个自我评估方案："它使我回顾、挑战目前的活动，评估和明确发展方向和优先事项，并评估我的婚姻关系。37年后，婚姻关系已经不容置疑地成为我生活中最基本的一部分。"

"让我反思了一下，"利奥·德马科写道，"让我对自己的处境感到庆幸：我有一个能容忍我缺点的可爱妻子。这些问题让我意识到，还有其他可能的生活方式、选择和经历，只是没有出现在我身上。"

参与者受到研究调查的影响，这一事实本身对我们其他人来说就是一个有用的经验。可能不会有研究小组每两年给我们打一次电话，劳烦我们回答问题，但我们仍然可以时不时地花点儿时间思考一下我们现在在哪里，我们想要去哪里。正是这些后退一步来审视我们生活的时刻，可以帮助我们拨开迷雾，选择前进的道路。

但是要走哪条路呢？

我们倾向于认为我们知道什么能让我们感到满足，什么对我们有好处，什么对我们有坏处。我们认为，没有人比我们更了解自己。但问题在于我们太擅长做自己了，以至于并不总是能看到另一种可能的生活方式。

回顾一下禅宗学者铃木俊隆的智慧："在初学者的心目中，可能性很多，但在专家的心目中，可能性只有一个。"

对自己提出诚实的问题，是认识到我们可能不是自己生活的专家的第一步。当我们接受这一点，并接受我们可能不知道所有的答案这一事实，我们的生活就变得有很多可能性。这是朝着正确方向迈出的一步。

追求更大的目标

2005年，我们为波士顿的市内贫民区参与者举办了一场午餐会，当时他们已经70多岁了。有一张桌子是为南波士顿、罗克斯伯里、西区、北区、查尔斯顿和研究中所有其他波士顿社区的研究参与者准备的。一些参与者甚至在学校时就认识，或者因为在同一个社区长大而认识。一些人从全国各地赶来，穿戴着他们最好的西装和领带，另一些人只是从拐角处开车到西区，穿着他们那天碰巧穿的衣服。一些人带来了他们的妻子和孩子——其中许多人自己也加入了研究。

我们的参与者对这项研究的奉献精神令人感动。我们的第一代参与者中有84%的人一生都参与其中。一般纵向研究有更高的退出率，而且不可能覆盖整个生命周期。更重要的是，他们的子女中有 68% 的人同意参加第二代研究——惊人的高参与率。即使是那些早已去世的第一代参与者，他们的贡献也会影响到未来的研究。他们给我们留下了他们的血瓶，这些血瓶与他们的身体健康检查数据和心理数据以及波士顿社区的历史评估相结合，被用来研究铅和其他环境污染物对健康的长期影响。当他们接近生命的终点时，一些参与者甚至同意将他们的大脑捐献给这项研究。对他们的家人来说，满足这些要求并不容易，他们不得不在哀悼期间经历相当大的不便，以确保研究能够拥有他们亲人的遗体。由于所有这些奉献，参与者的人生仍然闪耀着余晖，他们的遗产将继续流传。

这是一个相互促进的项目。作为几代哈佛研究的工作人员，我们与参与者的联结使我们变得活跃起来。反过来，我们工作人员的创造力和投入也使数百个家庭成为科学史上独一无二的一部分。我们在第 10 章中提到的李怀斯·格雷戈里，她人生的大部分时间都在为这项研究工作，这就是最好的例子之一。我们的参与者在他们生活中最忙碌和最困难的时候回答了问卷，这不仅是因为他们信任研究，还出于他们对李怀斯和其他研究人员的情感基础。这项研究慢慢揭示了人际关系的价值，而它本身最终也是由于人际关系得以维系。

多年来，这些关系形成了一个无形的群体。一些参与者直到晚年才遇到研究中的其他人，而另一些人则从未认识参与研究的其他人，尽管如此，他们还是感觉到了与研究的联结。一些参与者对自我披露持谨慎态度，一开始并不情愿，但还是坚持了下来，其他人则期待着接到研究中心的电话，享受被关注和倾听。然而，大多数人都对成为比自己更伟大的事业的一部分而感到自豪。就这样，他们把这项研究看作自己创造力的一部分，是自己在世界上留下的印记的一部分。他们相信，他们的生命最终会对那些他们从未见过的人有所帮助。

这道出了我们许多人的一个担忧：我重要吗？

我们一些人已经活了大半辈子，发现自己仍在回顾过去，而另一些人则有大半辈子的时间在向前看，在展望未来。对我们所有人来说，无论年龄大小，记住这个重要的事情：为后代留下一些东西，成为比我们自己更伟大的事业的一部分，这不仅仅关乎我们个人的成就，也关乎我们对他人的意义。从现在开始，留下一个印记，永远不会太晚。

填补空白

在人类历史的长河里，"幸福科学"是一个新兴的概念。可以确定的是，科学研究正在缓慢地揭示是什么使人们在整个生命周期中繁荣发展。关于如何将幸福研究带入现实生活的新发现、新见解和新策略正在不断发展。如果你想了解我们最新的研究成果，可以在 www.Lifespanresearch.org 上找到它们。

幸福研究的主要挑战在于将科学见解应用到实际生活中。每个人的生活都是高度个性化的，不完全适合任何群体模板。我们在这本书中提出的发现和观点都来自研究结果，然而，科学无法知道你内心的动荡或矛盾。它无法量化你在接到某个朋友来电时所感受到的激动；它不知道什么让你夜不能寐，或什么让你后悔，或你如何表达你的爱；它不能告诉你给孩子打电话太多还是太少，也不能告诉你是否应该和某个特定的家庭成员重新联系；它也不能告诉你，你是应该一边喝咖啡一边推心置腹地交谈还是应该去打篮球或与朋友去散步比较好。只有通过反思，找出适合自己的方法，才能得到答案。要使本书的内容发挥作用，你需要把自己独特的生活经历融入其中，并把其中的经验变成你自己的。

但科学可以告诉你的是：

良好的关系使我们更幸福、更健康、更长寿。

这在人的整个一生中，在不同文化和环境中都是适用的，因此这意味着它肯定对你是适用的，对每一个正在生活的人都是适用的。

第四个 R

没有什么比我们与他人的联结更能影响我们的生活质量了。我们已经说过很多次了，人是社会性动物。这一影响可能比我们许多人意识到的要大得多。

基础教育有时被称为三个 R：阅读（reading）、写作（writing）和算术（arithmetic），因为早期教育的目的是为学生的生活做准备。我们认为基础教育中应该有第四个 R：关系（relationships）。

人类并非生来就有阅读和写作的需求，尽管这些技能现在是社会的基础。我们也并非生来就需要数学，尽管没有数学就没有现代世界。然而，我们生来就有与他人联结的需求。因为这种联结的需求是美好生活的基础，我们认为，社会适能应该被教授给孩子们，并与锻炼、饮食和其他健康建议一样，成为公共政策的核心考虑因素。在快速发展的技术影响我们的沟通和人际关系发展技能的背景下，将社交健康作为健康教育的核心尤为重要。

有迹象表明，世界正在跟上这一趋势。现有数百项研究表明，积极的人际关系对健康有益，我们在这本书中也引用了许多研究。社会和情绪学习课程的重点是帮助学生学习自我意识，识别和管理情绪，并提升人际关系技能。跨越年龄、种族、性别和阶级的研究表明，与没有接受过这种教育的学生相比，参加这些课程的学生表现出对同伴更积极的行为，有更好的学习成绩、更少的行为问题、更少的毒品滥用，以及更少的情绪困扰。这些项目代表着朝着正确方向迈出的一步，它们的影响表明，这种对关系的重视是有回报的。人们也在努力将这些课程带到组织、工作场所和社区中心的成年人中去。

美好生活之路上的逆境

我们生活在一个全球危机的时代。在这种情况下，与我们的同胞建立联系具有新的紧迫性。新冠大流行使对这种联结的需求变得更加突出。随着疾病的蔓延和封锁政策的开始，许多人伸出手来巩固他们生活中最重要的关系，以增强他们的联结和安全感。然后，随着封锁从几周到几个月甚至更长时间的持续，人们开始以奇怪的、有时是深刻的形式感受到社交隔离的影响。我们的身体和心灵不可分割地交织在一起，对孤独带来的压力做出反应。世界各地的人们开始遭受到健康的影响，学生失去了与朋友和老师的定期联系，工作的人失去了同事的存在，婚礼被推迟，友谊被搁置，我们这些能上网的人不得不通过电脑屏幕保持联系。突然之间，人们意识到，学校、电影院、餐馆和球场不仅仅是学习、看电影、吃东西和运动的地方，它们是能让我们在一起的地方。

全球危机将继续影响我们的集体幸福。但是，在我们为应对这些挑战而奋斗时，我们必须记住，我们每个人都必须珍视当下。

正是我们对待每一个重要时刻的态度，以及我们与生活中遇到的人——家人、朋友、社区里的人和其他人——的联系，将最终成为抵御我们面临的任何危机的堡垒。

当哈佛研究的参与者还是孩子的时候，他们不可能预见到他们将面临的困难——无论是生活的世界还是他们自己的生活。利奥·德马科不可能预见到第二次世界大战的到来；亨利·基恩对大萧条给他的家庭带来的贫困也无能为力。我们无法确切预见未来会面临什么样的挑战，但我们知道它们会来的。

哈佛研究中成千上万的故事告诉我们，美好生活并不是通过给自己提供闲暇和安逸来实现的。相反，它来自面对不可避免的挑战时我们的行为，来自充分把握我们生命中的每一刻。当我们学会如何去爱，如何敞开心扉接受他人的爱，当我们从自己的经历中成长，当我们在生活中无法阻止的欢乐与不幸中与他人联结起来时，美好生活就悄然出现了。

最后的决定

如何在通往美好生活的道路上走得更远？首先，要认识到美好生活并不是目的地。重要的是道路本身，以及与你同行的人。在你行走的过程中，日复一日、年复一年，你可以决定你的注意力放在什么人身上，放在什么事上；你可以考虑你的人际关系优先级，选择与重要的人在一起；你可以在丰富生活和培养人际关系的过程中找到目标和意义。通过培养好奇心和接触他人——家人、爱人、同事、朋友、熟人甚至陌生人——每次都问那个深思熟虑过的问题，每次都有片刻的投入与真诚的关注，你就会为美好生活夯实基础。

我们给你最后一个建议。

想一个人，一个对你很重要的人，一个可能你不知道他们对你而言有多重要的人。他可能是你的配偶、恋人、朋友、同事、兄弟姐妹、父母、孩子，甚至是你年轻时的教练或老师。这个人可能在你阅读或听这本书的时候就坐在你身边，也可能正站在水槽边洗碗，或者在另一个城市、另一个国家。想想他们的生活处境。他们在为什么而挣扎？想想他们对你来说意味着什么，他们在你的生活中为你做了什么。如果没有他们你会在哪里，你会是谁？

现在想想，如果你再也见不到他们，你会感谢他们什么？

此时此刻，就现在，告诉他们。

致谢

本书证明了一个基本的事实：我们在一个赋予我们生命意义和美好的关系网中得以维持。我们深深地感谢许多人，他们的善意和智慧使我们能够创作这部作品。

我们两人的友谊和合作始于近 30 年前的马萨诸塞州心理健康中心，我们当时是斯图尔特·豪瑟实验室的研究员。斯图尔特对青少年的纵向研究向我们介绍了通过追踪个人生活所能发现的丰富财富，也教会了我们倾听人们的故事的价值。

罗伯特在哈佛医学院的老师乔治·维兰特是哈佛成人发展研究的第三任主任。他对成人发展科学的见解塑造了世界对人类生命周期的看法，他愿意将这一宝贵的纵向项目委托给下一代研究人员，这是一份具有深远意义的礼物。当然，我们是站在所有前任主任的肩膀上的：克拉克·希思、阿利·博克和查尔斯·麦克阿瑟——他们是哈佛大学学生群体研究的先驱；还有埃莉诺和谢尔顿·格鲁克——他们是波士顿市内贫民区群体研究的发起者。如果没有资金支持，就无法进行研究。如果没有美国国家心理健康研究所、美国国家老龄化研究所、威廉·T.格兰特基金会、哈佛神经发现中心、富达基金会、布卢姆–科夫勒基金会、韦尔纪念慈善基金会，以及肯·巴特尔斯和简·康登的支持，哈佛研究项目就不可能实现。

进行如此深入的纵向研究需要一个团队的奉献和耐心。这个群体包括可靠的带领人——李怀斯·格雷戈里、伊娃·米洛夫斯基和罗宾·威斯特——他们几十年来一直与我们的研究参与者保持着密切联系。还包括一批有才华的博士后、博士生、本科生，甚至一些高中生——太多了，无法一一列举——他们给我们带来了好奇和新鲜的观点，使我们的研究保持着活跃。在一群杰出的同事的指导下——玛吉·拉赫曼、克里斯·普雷切尔、特蕾莎·西曼和罗恩·斯皮罗——我们才有可能将研究扩展到最初参与者的孩子们。我们的同事迈克·内瓦雷斯利用他作为工程师的精确性和医学训练来监察我们第二代研究中21世纪生物测量和数字工具的引入。

当罗伯特在2015年的TEDx演讲被广泛传播时，很明显，许多人都渴望发展科学可以告诉我们"人类的蓬勃发展是什么"。我们的朋友和同事约翰·汉弗莱有远见地创建并领导了终生研究基金会，这是一个非营利性组织，其使命是利用人生研究的观点使人们过上更健康、充满意义、联结和目的的生活。他于2022年5月去世，我们至今对他的去世感到惋惜，但我们被他帮助他人的能量和热情所鼓舞。基金会团队——约翰、玛丽安·多尔蒂、苏珊·弗里德曼、贝琪·吉利斯、琳达·霍奇基斯、迈克·内瓦雷斯、康妮·斯图尔德和其他人——使我们能够将学术期刊中深奥的研究成果转化为对用户友好的工具，供那些寻求基于科学的幸福智慧的人使用。

《美好生活》是另一个团队的产物：想法架构师团队的道

格·艾布拉姆斯有一个愿景，其结果几乎都转化为了这本书的内容。他对这个项目的信念，以及该团队的经验——尤其是劳拉·拉芙、萨拉·雷诺内和雷切尔·纽曼——为设计和制作一本关于"我们的人生"的书提供了清晰的指导。罗伯·皮罗与我们分享了他对美好生活的哲学观点的深刻见解。我们还有幸得到了几位慷慨读者——凯里·克拉尔、米歇尔·弗兰克尔、凯特·彼得罗娃和詹妮弗·斯通——的宝贵观点，他们的观点帮助我们完善了想法和写作。

在这个世界充满不确定性的时代，西蒙–舒斯特出版公司的乔纳森·卡普和罗伯特·本德对我们这本书非常有信心。他们对这个项目的热情真的很有感染力，我们很幸运能和罗伯特一起工作，他是一个经验丰富的编辑，他用沉稳而温柔的手细心而智慧地塑造了手稿。约翰娜·李带领我们完成了本书的平面设计。我们还要感谢文案编辑弗雷德·蔡斯。马什公司的萨利安·圣克莱尔、杰玛·麦克多纳、布列塔尼·普林和卡米拉·费里尔，以及艾伯纳·斯坦恩公司的卡斯宾·丹尼斯和桑迪·维奥莱特通过国际合同帮助我们将这本书推向了更广阔的世界。我们也感谢20多家翻译出版商，感谢他们看到了将这本书带给世界各地人们的价值。

如果没有许多信任这个项目的人，我们可能没有勇气写这本书。塔尔·本-沙哈尔、阿瑟·布兰克、理查德·莱亚德、维韦克·穆尔西、劳里·桑托斯、盖伊·拉兹、杰伊·谢蒂、蒂姆·施莱弗和卡罗尔·余都是在我们临阵退缩时给予鼓励的人。我们的同事安吉拉·达克沃斯、伊莱·芬克尔、拉蒙·弗洛伦扎诺、彼得·丰纳吉、朱莉安·霍尔特-伦斯塔德和多米尼克·舍比都在很早期的时候就给予了我们鼓励，他们是将科学研究的见解以通俗易懂和有影响力的方式带向世界的典范。

马克·舒尔茨从一开始就是这个项目的核心。他是一位敏锐而富有同情心的人类经验观察者，也是一位技巧高超而机敏的作家，他学会了在一个对他来说完全陌生的世界里与我们"共舞"。你会在整本书中感受到他对语言魅力的鉴赏力。他用他在大量研究记录中发现的故事帮助我们为研究成果注入活力。所有这些都是在他的坚持和耐心下完成的，而这种坚持和耐心来自他对那些向我们讲述他们故事的人的深深尊重。我们将永远感激马克将他的才华投入这次合作中。

我们最感激的是参与哈佛大学成人发展研究的人们。我们该如何感谢这一代又一代人，是他们奉献了自己的人生故事，使世界能够获得对人类生活的更丰富和更深刻的理解。通过分享生活，他们给科学和我们所有人都送上了一份礼物。他们让我们知道人类可以有多么慷慨，以及欣赏我们共同的人性是多么重要。我们永远无法偿还这笔人情债，但我们希望，这本书能在某种程度上将这份情意传递下去。

罗伯特

无论是运气还是因果轮回，我们如何找到塑造我们生活的人是一个奇妙的谜。我受益于许多良师益友的关注和照顾。芭芭拉·罗森克兰茨教授分享了她为陈旧的历史文献带来激进的好奇心的兴奋之情。菲尔·伊森伯格、卡洛琳·马尔塔斯、约翰·冈德森和一大批优秀的临床教师教我把同样的好奇心带到那些来我办公室寻求缓解精神痛苦的人的生活故事中。艾弗里·怀斯曼是精神分析学家兼学者的典范，托尼·克里斯和乔治·菲什曼帮助我找到了将临床实践和实证研究融入令人满意的生活的勇气。丹·布伊和吉尔·温莎拥有难得的灵魂，他们让包括我在内的所有人感受到自己真正被看到了，并在这个过程中展现出最好的一面。

在过去的40年里，我有幸与几百名正在接受培训以成为精神科医生的年轻人共事，我们对人类生活的共同热情让我对未来充满了希望，在那里永远有人可以交谈。在我的心理治疗实践中，我每天都会遇到一些人，他们在面对生活困难时勇敢地与我分享他们最深切的担忧，这让我明白，通往美好和丰富生活的道路实际上是无限的。

禅宗冥想是我探索为人经验的另一种方式，它改变了我的生活。我的禅宗老师大卫·瑞尼克和迈克尔·菲尔莱克，向我展示了一个人每一刻都无畏地活在当下意味着什么。我的老师梅丽莎·布莱克在向我传授佛法的过程中教会了我一种无价的、永恒的工具，让我从生活中觉醒，我渴望将它带到我所遇到的一切事情中。

波士顿马萨诸塞州总医院的精神科一直是我研究、教学和写作的专业基地。毛里奇奥·法瓦、杰里·罗森鲍姆和约翰·赫尔曼等许多人，都让我感觉成为临床学者群体和心理动力学项目中的一员是一件激动与兴奋的事。

约翰·梅金森把他风趣的智慧和丰富的出版经验带到了我们50年友谊的新阶段，他给我带来的惊喜和快乐从未停止。亚瑟·布兰克早在我意识到之前就明白我需要写这本书——他坚持认为我们应该将我们在学术期刊上分享的见解带给更广泛的读者。约翰·巴雷对如何实现这一目标有着清晰的愿景。

我的家庭对于塑造我和这本书都有很大的影响。我的父亲大卫是我所认识的最有好奇心的人，他对每一个与他擦肩而过的人的经历都着迷不已。我的母亲米里亚姆在她所做的每一件事上都表现出了同理心和关爱，而我的弟弟马克对家族史的思考让我们明白了追踪我们在生活中的经历的价值。36 年来，我的妻子珍妮弗·斯通一直是我生活的中心，她是一位明智的临床顾问、一位细心的编辑、一位乐于助人的玩伴，也是一位与我愉快地共同养育子女的伴侣。我的两个儿子会教导我、逗我，并让我保持谦逊——丹尼尔的分析思维有时让我目瞪口呆，而大卫则充满活力和敏锐的洞察力，不断刷新我对世界的看法。

当然，还有我的合著者马克·舒尔茨。书中叙述了我们友谊的故事，但它并没有公正地描述 30 年来我们每周的会面、探亲和参加世界各地的会议。我们每周的电话会从谈论我们孩子在学校遇到的困难，到讨论一个令人困惑的临床案例，再到寻找分析儿童创伤和成人健康之间联系的最佳统计技术。找到一个技能与我相辅相成、相互延伸的朋友可能是千载难逢的事，也是我从不认为理所当然的幸运之举。

这些人每天都在提醒我，美好生活可以通过良好的人际关系建立起来。

马克

《美好生活》实际上是建立在我们一生中有幸拥有的各种关系之上的。我在慈爱的父母和祖父母的支持下长大，他们鼓励我探索和寻找世界的快乐。我的母亲是一位出色的摄影师，她教会我用心观察和倾听他人的价值和对创造力的追求所带来的兴奋，她还向我展示了一个人可以从教导和指导他人中获得的乐趣。我的父亲与我分享了他对学习和利用知识来理解我们自己的生活和其他方面的事件的强烈欲望，以及享受生活中愚蠢时刻的益处。我还得到了非常支持、包容和爱我的继父母的祝福，他们极大地丰富了我的生活。

我的祖父母，尤其是格拉迪斯和汉克，是我成长过程中的重要人物，我很感激他们对我的鼓励和信任。我的父母和祖父母都以他们自己的方式，为如何应对生活挑战和如何优先处理人际关系提供了宝贵的榜样。我也很幸运有三个非凡的兄弟姐妹，他们让我有机会从不同的角度了解家庭和生活。朱莉、迈克尔和苏珊娜，谢谢你们的支持和一直以来的陪伴。

童年和大学时期的密友们让我明白了稳健关系的价值以及跨越地理障碍和生活环境维持这种关系的方式。我非常怀念大卫·哈根，他是我的一个老朋友，他真正体现了作为一个对生活积极的朋友的意义。

作为一名大学生，我开始了我对美好生活的正式学习，探索来自社会学、人类学、政治学和哲学的观点，当时我真的只是想弄清自己的方向。杰里·希梅尔斯坦和乔治·卡特布教授耐心地帮助我找出如何解开我所读的书中的奥秘，并鼓励我以新的、有趣的方式思考。

尽管当时我自己也不确定，但我还是决定去加州大学伯克利分校学习临床心理学。事后看来，这是我一生中最伟大的决定之一。我开始以新的方式了解人类的茁壮成长和奋斗过程。找到我能帮助病人实现目标的最佳方式，这也帮助了我成长，对此我永远心存感激。我非常感谢在研究生阶段和后来的临床训练期间遇到的一系列优秀的导师和临床主管。菲尔和卡洛琳·考恩是我至关重要的导师，他们教会了我很多关于研究、临床工作、人际关系和生活方面的知识，包括倾听和对他人经历保持好奇的真正价值。迪克·拉扎勒斯是一位不同寻常的敏锐而富有创造力的思想家。他和考恩夫妇向我展示了如何研究我们生活中难以量化的核心要素——比如情感和人际关系。这些老师和许多其他老师的智慧渗透在了这本书的每一页中。

25年来，我一直把布林莫尔学院作为我的学术家园，能够成为这样一个充满活力和支持我的学习团体的一员，我感到非常荣幸。我非常感谢心理学系内外的同事，感谢他们对教学、学习和研究的支持和投入。金·卡西迪是我在布林莫尔学院的整个旅程中的同事，我感谢她这些年的支持、鼓励和友谊。在心理学之外，与米歇尔·弗兰克、汉克·格拉斯曼和蒂姆·哈特的合作拓展了我的思维，并提供了我们在这本书中提出的一些想法。

多年来，我有幸与数百名不同层次的优秀学生进行教学和密切合作。我与学生们的联系以难以形容的方式丰富了我的生活。我感谢你们所有人，特别是与我一起做研究并帮助我激发新想法或磨砺旧想法的本科生和研究生。特别感谢凯特·佩特洛娃，我有幸与她共事了近五年，她帮助我完善了对书中提出的许多观点的思考。凯特还帮助规划了哈佛研究的下一阶段研究。马赫克·尼拉夫·沙阿在为这本书组织材料和提取生活史方面发挥了重要作用。

与罗伯特共著此书是一种真正的乐趣，就像我们近30年来所有的合作和冒险一样。罗伯特集智慧、洞察力、创造力、善良和能力于一身，真是令人惊叹。我感到很幸运，我们做了这么长时间的朋友和同事。我毫不怀疑，我们之间的合作和友谊，已经共同达到了我一个人肯定无法达到的高度。

我的妻子和两个儿子对我来说就是全世界。他们给我的生活赋予了意义和快乐，这让我感到非常非常幸运。雅各布和萨姆一直是世界上最能让我从工作中分心的人。他们已经成长为善良、体贴的年轻人，让我和妻子非常快乐和自豪。雅各布对他人的经历以及重大的道德和伦理问题有着浓厚的兴趣，我惊叹于他在交流复杂思想方面的天赋。萨姆总是能注意到别人所忽略的东西，并喜欢以鼓舞人心的方式学习自然世界。我与他们的关系以及他们所教给我的东西使"美好生活"变得更好。

30多年来，琼一直是一位了不起的生活伴侣。她鼓励我的追求，在我信心动摇时给我打气，给我的生活带来比我应得的更多的欢乐。她的善良、智慧和常识都帮助我专注于生活中真正重要的东西。和琼组成一个家庭是我一生中最棒的事，我期待与她共度余生。